史上最實用

沒人教的
0～6歲
育兒全解答

兒科醫師 郭宰赫／著

即便疾病無情，
願醫者永遠溫暖

　　「養育孩子，是兒科醫師最後、也最重要的一項訓練。」雖然這樣說，對一些還未養育孩子的兒科醫師有些不公平，但接下本書的審訂，看見作者也是從一個冷冰冰宣達教科書上知識的兒科醫師、蛻變成一個溫暖而近人的醫師爸爸，我仿若見到自己在兒子出生前後的轉變，印證了「養育孩子訓練」在不同的時空中也能有相同的催化作用。

　　「讀萬卷書不如行萬里路」，在教科書裡，講的多是疾病相關的知識，但臨床上更常遇見家長提出書本以外的提問，有些聽來可能令人啼笑皆非，例如：我的孩子放屁很臭、或是我的孩子不愛笑等等，家長也時常提出教養的問題，無奈當時的我也還沒有經驗，只能簡單地答覆然後匆匆地結束看診；但隨著自己的孩子出生、長大，曾經我遇到的提問變成了我自己的疑問，於是從養育孩子的過程中我也成長許多，更從「親自上陣」中了解到家長的困境。當然，我自己也還在摸索學習，畢竟教科書裡寫的疾病知識會隨著時間更新，我們對於孩子的教養也會隨著年紀而不斷變化。

　　關於兒童教養，本書也有稍微著墨一些，坊間也有許多關於兒童教養的書籍可以參考。說實在我還不敢自稱是一個兒童教養專家，但我真心以為，兒童教養是一項不亞於兒童身心健康的重要課題；如果說身心健康構成了基本的身體狀態，那麼教養便是融入社會與他人的重要橋梁。

舉個例子吧，例如常被問到的「該不該讓孩子看手機？」的確，適度的開放比起一昧地禁止來的有效（但 2 歲以下是禁止的），通常只要訂下規則便能有效管理；但規則經常被打破、尤其是被訂下規則的人（也就是父母）打破，因此如果要持續良好的教養，請好好地遵守規則吧！如此才能在孩子吵著要邊吃飯邊看手機時說出：「爸爸媽媽吃飯也不看手機哪！」這樣有說服力的話來。

　　最後，雖然醫學日新月異，但還有許多兒童疾病或問題一時半刻無法有效地解決（例如目前的新冠疫情），但我總提醒自己「先生緣、主人福」（臺語俗諺，指病人與醫師有緣份而使治療順利），即便無法改變疾病的變化、更無法操控生死，但我們的一句話或一個動作，都會深深地影響家長的想法；就算疾病可以很無情，但身為醫者永遠都應該讓人感覺很溫暖。

　　PS：由於本書原作者為韓國醫師，其中許多與臨床有關的內容會與臺灣現況有著時空上的差異，在與編輯討論後，將我審訂的內容與作者內文加以融合，以方便臺灣讀者理解。

彰濱秀傳醫院兒科 / 新生兒專科醫師

跟著 Peter 醫生一起
重整新手父母的失序人生！

　　身為廚師的我，25 年來刀與火的訓練讓我早已學會和緊張和平共處。也因此長久以來，我以為自己心理素質很強健，直到 3 年前，我女兒在飛機上出現熱痙攣，我才深刻體會到面對自己寶貝女兒的突發狀況，我完全無法保持冷靜和沉著。在那之後，只要我的小孩輕微發燒了，我就會崩潰地抱著她飛奔去找 Peter 醫生。而 Peter 醫生總是以穩重的口吻、精準的治療來安撫我這位爸爸，也許是因為 Peter 醫生自己也有女兒的關係，讓我對他的信賴感更加深厚。這本嘔心瀝血的書，不僅收錄了一個醫生的專業知識，更承載了身為人父的親身經驗。我想，這本書應該要放在我們家客廳桌子隨時翻閱，才能鍛鍊我的心智！

——Lua nari 的父親、明星廚師雷蒙金（Raymon Kim）

與 Peter 醫生的初次見面，我至今記憶猶新。第一次帶我的孩子世安和惠安去找 Peter 醫生，感受到如同家人般親切又可靠的診斷，而且他的女兒跟我家老二同年，彼此產生許多共鳴。Peter 醫生總是帶著溫暖爸爸的微笑，讓許多小病患平安地度過難關，我家兩個孩子之所以能健康地長大，Peter 醫生扮演很重要的角色。如今他出書了，我們夫婦用親身經歷掛保證推薦這本書！

——世安和惠安的父母、爵士鋼琴家 Ga-on Kim & 演員姜成妍

我 7 年前剛搬到東川洞時，對周遭的人事物都很陌生。尤其每當孩子生病，內心無比焦慮的我，只能無助地飛奔去找我唯一信賴的 Peter 醫生。在這裡生活的 7 年歲月，對 Peter 醫生真的滿懷感激，相信這本書也能給像我當初那般焦急不已的爸爸媽媽許多幫助！

——世拉和世斌的媽媽、演員李允星

Peter 醫生總是用溫柔的口氣跟孩子對話，比起例行性地看診，更令人感到窩心的是他面對孩子的時候十分真誠。誠摯感謝 Peter 醫生能陪伴我們左右，正因為生病的孩子總能放心託付給可靠的 Peter 醫生，同樣地，這本書也絕對值得信賴。我強力推薦，請放心購買！

——世拉和世斌的爸爸、牙醫 Hong Ji-ho

願本書成為育兒路上
最溫暖的指南針

「一定要讓小孩在晚上 10 點前入睡！」

「小孩 8 個月大就要開始調教了！」

「最晚 1 歲半就要訓練小孩在馬桶大小便！」

以上是我在診間常常和家長們提到的注意事項。我的身分是「小兒專科醫生」，所以一直以來我仗著自己育兒專家的背景，總用正經的表情闡述權威言論。不過，倘若我現在有穿越時空的能力，我想立刻飛過去找到當時的自己，把我的嘴巴緊緊摀住。

一直到 40 歲，我都一個人生活，所以在成為小兒專科醫生 8 年多的時間都是單身。不得不說，那時的我根本就只是一個半調子的醫生，完全無法看清自己到底還缺乏什麼，自以為很瞭解育兒，想著如果哪天我有了自己的孩子，也有十足把握能準備周全地好好養育他。

然而，我 41 歲結婚，很晚才當爸爸。

直到有了神韻和我有幾分相似的女兒，我才體會到，理論跟現實生活根本完全不同。

當我如夢初醒般環顧四周時，常常會看到有些專家就跟以前的我一樣，憑藉從書本裡學到的知識，講出搞不清楚現實狀況的話，大聲主張難以執行的育兒方法。他們甚至還說那些不分晝夜照顧孩子而備受煎熬的父母都用錯方法了。

「如果有一本並非用理論生硬包裝，而是既實用又貼近人心的育兒書，該有多好！孩子生病時，父母親就急得跳腳，假如那個時候能夠帶給他們一點安慰，又該有多好……」我不禁想著，能不能將我的專業知識和育兒經驗都派上用場。

本書便是如此開始的。

用我累積 13 年的臨床經驗，以及成為父親後的心得編寫而成的育兒指南。我不失現任小兒科醫生的專業，同時誠實地吐露身為爸爸養育女兒的感受，本書系統性地整理出關於小兒疾病的相關知識，也努力提供一些在實際育兒時的實用方針。

在養育孩子的過程，爸爸媽媽隨時都面臨情緒崩潰的危機。希望這本書能帶給父母實質幫助的同時，也可以撫慰您疲憊的內心，成為一本在不容易的育兒路上供給正能量的魔法書。

Peter 小兒科醫院院長 郭宰赫

Chapter 2 12 大症狀 Q&A——孩子不舒服的常見原因！

Chapter

1

新生兒照護 Q&A——
我很好奇
寶寶的一切！

在小兒科診間遇到的照顧者當中，我最謹慎對待的，就是大部分新生兒的家長，也就是新手爸媽。

剛生完孩子的媽媽們，大多因為荷爾蒙失衡而變得非常敏感，再加上第一次成為母親，精神總是緊繃著，情緒上充滿焦慮與不安。

「我的小孩經常打嗝耶！這樣沒關係嗎？」

「小孩哭得很厲害！為什麼會這樣呢？」

就像這樣，對於寶寶的一舉一動都十分擔心，然後焦急地對我發射如連珠炮般地提問。其實，這種連續的提問攻勢並非只在診間發生。自從我成為小兒科的專科醫師後，我也經常接到剛成為父母的親戚朋友的諮詢電話。

沒想到，那些在診間和電話中所提出的眾多疑惑，直到我成為一名孩子的爸爸之後，才發現原來我也會在相同的時刻崩潰。

舉個最簡單的例子，明明知道打嗝並不是大問題，但如果我的孩子突然打個不停，我也不免在心裡覺得會不會是發生什麼問題。想起過去我屢屢跟新手爸媽說「孩子拉個肚子或莫名大哭，很多都是正常的……」但奇怪的是，當我女兒出現一樣的狀況時，我也會失去理智的想說是哪裡病了嗎？

　　那時我才知道，新手爸媽因面臨許多突發狀況而引起的恐慌，是連身為醫生的我也無法全身而退的，認清這個事實後，我便重新進行深刻的反省。

　　「早知道當時更認真了解你們的問題……」

　　「早知道我就用更溫暖的眼神來面對不安的你們……」

　　「如果我能更有耐心和誠意地回答就好了……」

　　以這樣的懺悔，我構想出本書的第一章「新生兒照護 Q&A」。完整收錄我十幾年在診間最常從新手父母口中聽到的提問，相信足以讓家長及時卸下慌亂不安的情緒。我提醒自己謹慎地以父母的角度同理各位的心情，盡力寫下最豐富、有幫助的內容。

聽到醫生說
寶寶心臟有雜音？

　　媽媽懷孕期間，總是會盡一切努力去感受寶寶的存在，像是每天看著逐漸變大的肚子，猜想孩子應該正健康地長大著，或者透過偶一為之的胎動來想像寶寶此刻的模樣。但孩子誕生的那刻，能將寶寶親手抱入懷中的感覺，相信對每個媽媽而言，都是最無法言喻的感動。也從這個時候開始，全家會進入一個嶄新的領域，一同和最可愛的生命體探索這個世界。有如獲得全新的的眼光看待生活，耀眼陽光讓人格外想駐足欣賞，但不可避免地，生活偶爾也有被烏雲和陰影籠罩的時候。

　　比如，有時候會從醫生口中聽到——

　　「我發現寶寶的心臟有雜音……」

　　老實說，身為一個醫生，要將這段話傳達給家長之前，必須要經過慎重的檢視和思考。因為我知道，從醫生口中說出的每一句話，都可能讓媽媽的心情大受打擊。

　　其實我聽到明顯而且大聲的心雜音時，並不會過度擔心。而會以冷靜的態度，耐心跟家長說：「必須進行精密的檢查，查明造成心雜音的原因。」然而，當寶寶的心雜音很微弱，一下出現、一下又消失時，有的醫生就不曉得該不該向家長提起這件事，而陷入兩難的苦惱。

即使小心翼翼地說：「孩子的心臟有細微的雜音，下次看診時，我會特別留意並持續追蹤。」貼心的醫生在告知的時候已經加上「細微」兩個字，但許多媽媽從聽到「心臟有雜音」的那瞬間，就會開始眼泛淚光。因此，醫生對於心雜音的相關說明需要非常謹慎。我在提到心雜音時，一定會加註下面這段話：

「即使聽到心雜音了，但很多寶寶做完心臟超音波檢查後，仍確定是無異常的，因此這極有可能只是暫時出現的良性心雜音，之後就會徹底消失，不需要太擔心唷！」

雖然我知道，即便跟家長說「不要擔心」，他們可能也聽不進去。但我還是希望能減輕他們的擔憂。身為一個醫生，在那樣的情況，能帶給父母最大的幫助就是「提供正確的資訊」。

那麼，以下來看看爸媽們最常提出哪些跟「心雜音」有關的問題吧！

Q. 小孩心臟出現雜音時該怎麼辦呢？

據說有許多爸媽表示因為聽見孩子的心雜音而帶去醫院檢查，結果大多數的人都沒有聽到後續該如何處理的說明，頂多得到「再多觀察一下！」這樣的回答，讓家長自己陷入擔憂之中。就算是一位實力再卓越的醫生，如果光是高談闊論而沒有提出具體的對策，便不能稱得上是一位好醫生。若要用一句話來回答上述的問題，我的答案會是這個：

「只要做心臟超音波檢查就可以了！」

近年來在診斷心臟疾病時，不必像過去要做心導管那種侵入性的手術，現在只要透過心臟超音波檢查，就幾乎能查出所有心臟異常的狀況，不但是非侵入性的方式，也不必擔心孩子遭受輻射刺激，同時還能大幅減輕醫療費用，降低爸媽的負擔。

因此，不需要別的，如果聽見心雜音，就進行心臟超音波檢查吧。

如果檢查結果正常，就完全不需要擔心；即便檢查出異常，也有很多個案會自然痊癒，而且就算確定是異常狀況，大部分也都可以透過手術來治療，絕對不需要過度擔心。

Q. 只要聽到心雜音，就一定要做心臟超音波檢查嗎？

老實說，在聽到寶寶心雜音後，爸媽若能立刻決定直接進行心臟超音波檢查，醫生內心也會感到舒坦且放心，因為光靠聽診器並無法完全診斷出心臟疾病。

然而，站在家長的立場來考慮時，觀點就不大一樣了。姑且不論去大醫院接受檢查所需的時間和費用，為了檢查安全，必須給孩子服用舒眠的藥（如 Pocral Syrup ），這無疑對家長而言是相當主要的考量因素。基於這樣的理由，醫生總是會很慎重地判斷是否要做心臟超音波檢查。

如果在心臟收縮期聽到的聲音不大且很柔和，很有可能是沒有結構異常也會聽到的「無害性、功能性心雜音」。如果是這種情況，不妨一至兩個月之後複診，屆時再決定是否要進行心臟超音波檢查。有許多個案是只要過一段時間，無害性或功能性心雜音就會自然消失。通常在新生兒出生滿 6 個月之前，每隔 1 至 2 個月就要進行一次預防接種，所以可以在下一次的預防接種時進行追蹤觀察即可。

是否為功能性心雜音或異常心雜音，醫生只要用聽診器就能做一定程度的區別，所以遵從醫生的判斷和建議是最好的辦法。

註：台灣相同藥品為 Chloral Hydrate 可律靜，通常用於兒童檢查前的鎮靜用藥，其實在台灣做兒童心臟超音波相當普遍，一般也不需要使用到任何鎮靜藥物即可完成。

Q. 一般小兒科診所可以看，還是要去大醫院？

即使聽見心雜音，也有很大的機率是屬於無害性、功能性心雜音。如同之前提到的，一般會需要間隔 1 至 2 個月的觀察期。然而直到下一次看診前，爸爸媽媽一定會處於不安的情緒之中，因為兩個月對家長來說非常漫長。若心情一直這樣七上八下的話，就不需要猶豫了，直接去大醫院檢查確認吧。

若家長決定要去大醫院看診，可以請兒科診所開轉診單，基本上不會有診所拒絕，所以不必太擔心拿不到轉診單。不過話說回來，並不是拿著轉診單去大醫院，醫院就一定會同意進行超音波檢查。不過，從另一個層面來看，能從大醫院心臟專家的口中得到「孩子不需要做超音波檢查」的回覆也是好事一件，相信爸媽的心情也能因為得到雙重確認而平復許多。

Q. 心雜音有可能時而出現、時而消失嗎？

這是有可能的。無害性、功能性心雜音在新生兒身上，可能會短暫出現又消失。在確認心雜音時，也可能受到孩子當下的情緒和行動影響判斷。若小孩因鬧脾氣或處於興奮狀態下而心跳加快，便很難正確地聽清楚心跳聲，也有可能因此掩蓋住心雜音。除此之外，也會有些小孩在出生初期時無異狀，但在 3 ～ 7 歲時出現心雜音。

特別要注意的是，早產兒出現暫時心雜音又消失的情況，比正常新生兒常見。因為「開放性動脈導管」和「心室中膈缺損」這兩者心臟疾病發生在早產兒的機率比正常新生兒更高，不過不必太擔心，因為自然痊癒的機率也相對提高。

沒聽見心雜音就沒有心臟病風險了吧？

是否出現心雜音是判別心臟病的重要線索，但並不會僅憑心雜音就斷定心臟病的可能。在新生兒時期，有幾種心臟疾病會導致聽不見心雜音（沒有心室中膈缺損的大動脈轉位、全肺靜脈回流異常、心室中膈缺損合併肺動脈瓣閉鎖、左心發育不全症候群等）。

另外，破洞較大的心室中膈缺損或心房中膈缺損也會因左右心房壓力差導致小孩剛出生時無法聽見心雜音。因此，寶寶是否有心臟疾病並不能完全由「是否有心雜音」判斷。

即使沒有聽到心雜音，如果孩子出現下列的症狀，就依然有心臟疾病的疑慮，需要接受醫生進一步的診斷。

□ 呼吸急促。
□ 吸奶的吸吮力很弱或常常停下來。
□ 心臟跳得很快。
□ 常常冒冷汗。
□ 體重一直沒有增加。
□ 比起其他小孩活動量更低，總是看起來很疲憊。
□ 嬰兒出現紫紺現象。

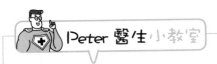
引起心雜音的五種先天心臟疾病

心臟是由四個房間組成，上方有兩個心房，下方則有兩個心室。右心室跟肺動脈連結在一起，左心室則跟主動脈連結在一起。還有大血管和心室間的瓣膜則扮演「門」的角色。

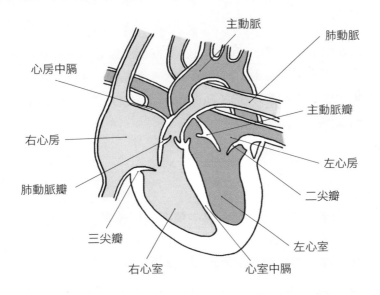

先天性心臟病是因為區隔各心房或心室的牆壁有破洞或者瓣膜的缺陷（狹窄或逆流）等引起，每 1000 名新生兒中就有 8～10 名左右罹患先天心臟疾病。先天性心臟病的種類和盛行率根據性別和人種略有差異，在此簡單分析一下最近韓國流行病學調查中最常見的 5 種先天性心臟病※。

※ 註：依照 2013 年發表在台兒醫誌上的健保資料庫研究顯示，台灣最常見的前五名先天性心臟病分別為 1. 心室中膈缺損 2. 第二型心房中膈缺損 3. 開放性動脈導管 4. 肺動脈瓣狹窄 5. 法洛氏四合症（資料來源：Pediatrics & Neonatology Volume 54, Issue 2, April 2013, Pages 113-118）

心室中膈缺損指的是「在心室中膈間出現破洞」的疾病。又分為「膜周邊缺損型 VSD（Perimembranous VSD）」、「肌肉缺損型 VSD（Muscular VSD）」和「動脈下缺損型 VSD（Subarterial VSD）」三種類型，進行醫療行為前，需先給予抗生素以預防感染性心內膜炎。

- 若缺損狀況很小，30 ～ 50% 的患者會在出生 2 年內自然關閉。
- 中等程度的缺損不容易自然關閉，大多需要進行手術治療。
- 若是「動脈下缺損型 VSD（Subarterial VSD）」，無論缺損的大小，均需進行手術。

心房中膈缺損是指「在心房中膈上出現破洞」，分為「第一型缺損」、「第二型缺損」和「靜脈竇型缺損」。破洞不大也沒有症狀時，不需要特別治療，也不需要抗生素預防感染性心內膜炎。

- 新生兒時期發現的小面積心房中膈缺損可以自行癒合。
- 一旦有症狀出現就需要外科手術治療（例如關閉術）。
- 外科治療後通常恢復狀況良好。

初生嬰兒的動脈導管應該會自動關閉，如果持續開放就會出現「開放性動脈導管」。當肺血管阻力變小，主動脈的血流就會流向肺動脈。

- 早產兒發生開放性動脈導管的機率很高，但大多數仍會自然關閉。
- 基本上在小孩出生 6 個月到 1 年內需要進行手術，若是出生一年後才診斷出此症狀，也必須要立即進行手術。此外，即使是不足 6 個月的寶寶，若出現心臟衰竭的症狀，也應該立即進行手術。

4. 法洛氏四合症（Tetralogy of Fallot, TOF）8.4%

此症有四種心臟異常「右心室出口阻塞、心室中膈缺損、主動脈跨位（應從左心室出現的主動脈橫跨左右兩心室的畸形狀態）、右心室肥大」，是發紺型先天性心臟病。所有患者皆需動手術。

- 依據患者情況，有的會從一開始就施行完全矯正手術，有的則會先做分流手術，之後再進行矯正手術。
- 大部分的患者在術後症狀就會消失，且復原良好，但依然有滿多的患者術後會出現血流異常的症狀。因此，需要進行長期的追蹤觀察。

5. 肺動脈瓣狹窄（Pulmonary Valve Stenosis, PS）7%

這是右心室到肺動脈之間的血流受到阻礙的疾病。可能會單獨出現，或者會與其他心臟畸形症狀並存。

- 肺動脈瓣狹窄不嚴重時，不會有特別症狀出現。
- 肺動脈瓣狹窄很嚴重時，可能會在嬰兒時期就出現心臟衰竭。
- 過了嬰兒期之後，若出現中度以上的肺動脈瓣狹窄，就需要進行手術治療。

為什麼寶寶屁股附近尾骶骨凹陷？

　　新生兒門診中，我最常被問到的問題第一個就是前面章節提到的心雜音，而緊追在後的便是孩子屁股附近的「尾骶骨凹陷（sacral dimple）」問題。因為最近在媽媽群組中的討論頗為熱烈，甚至在醫生開口點出之前，就會有人請我幫忙確認寶寶是否有尾骶骨凹陷的問題。

　　然而，即便爸媽們都聽過「尾骶骨凹陷」這個醫學名詞，但對於實際的成因或是應對的方式都不是非常清楚，很多家長都是一聽到孩子好像有尾骶骨凹陷的狀況，便慌慌張張擔憂起來。

　　為了解決許多爸爸媽媽的困擾，在這個章節我會提供幾點在診間最常被問到關於「尾骶骨凹陷」的疑惑，讓廣大的爸爸媽媽不再陷入未知的恐慌中！

Q. 什麼是「尾骶骨凹陷」？

所謂的「尾骶骨凹陷（sacral dimple）」是指在嬰兒屁股上方，尾骨附近出現的小凹陷。雖然各個統計結果略有差異，但就觀察結果而言，大致上有 3 ～ 8% 的新生兒會出現此症狀。

Q. 為什麼會出現「尾骶骨凹陷」呢？

「尾骶骨凹陷」是當脊椎尾端閉鎖不完全時所出現的症狀，大部分不會造成嬰兒的脊椎異常，所以從醫學角度來看並不會造成什麼問題。然而，在極少見的情形下會併發脊椎畸形。

Q. 狀況惡化時會有什麼異常現象？

有「尾骶骨凹陷」的孩子中，若同時發生脊椎畸形的情形，就會併發神經管缺損，可能會出現神經障礙。也就是會出現下肢變形、麻痺、排尿或排便等機能的異常。然而在小嬰兒身上很難確認神經方面的異常，一不小心就會造成小孩發展遲緩，甚至有可能造成永久性的損傷後才發現問題，這也是為何不能輕忽「尾骶骨凹陷」檢測的原因。

Q. 若需要精密檢查，該選擇何種檢查呢？

嬰兒出生後 3 個月是椎弓（vertebral arch）骨化完全的期間，在骨化完全之前可以透過超音波檢查來診斷，之後則可以進行磁振造影檢查（MRI）。然而，若有必要，就算寶寶未滿 3 個月依然可進行 MRI 檢查。

「尾骶骨凹陷」的孩子有以下狀況時，
建議盡速做磁振造影檢查（MRI）

☐ 出現毛髮增多症或血管瘤等皮膚病變時。

☐ 出現神經異常的相關狀況時。

☐ 「尾骶骨凹陷」的直徑超過 5mm 以上時。

☐ 「尾骶骨凹陷」離肛門距離超過 2.5cm 以上時。

☐ 「尾骶骨凹陷」的部位脫離薦尾部（sacrococcygeal region）時。

Case 3.

我的寶寶黃疸很嚴重，
怎麼辦？

　　若要將新生兒最常出現的疾病做一個排名，那麼「黃疸」肯定名列前茅。新生兒生理上自然會出現黃疸的症狀，在滿月嬰兒身上出現的機率是60%，早產兒則有高達 80% 的機率。與其說黃疸是一種病狀，不如說黃疸是大多數嬰孩都會經歷過的儀式，差別只在於狀況嚴重與否。黃疸大部分會在寶寶出生後的 2 ～ 3 天內出現，症狀持續 1 ～ 2 週後就會消失。就算是比較嚴重的黃疸，只要持續做幾天的簡單照光治療，指數也會好轉，不需過度擔心。不過，若黃疸症狀加劇、超過正常生理指數，就有可能會變成「核黃疸」。因此，當新生兒診斷出有黃疸症狀，也仍要謹慎應對。

Q. 新生兒身上為何會出現黃疸呢？

　　黃疸主要是血液中的膽紅素增加引起的病症。膽紅素產生自衰老的血色素，經肝臟代謝後排入腸道，新生兒的血紅素壽命比成人更短，肝臟代謝能力會下降，導致血液中膽紅素數值升高。除上述生理性原因之外，溶血性疾病、感染、藥物、遺傳缺陷等也可能導致黃疸。另外，早產兒的黃疸也會比一般寶寶更為嚴重。

Q. 光看小孩的膚色就可以判斷黃疸的嚴重程度嗎？

隨著膽紅素指數的增加，黃疸會依序從「臉部、腹部、下肢」出現。因此，光看膚色就能大致推測出黃疸指數。用手指捏一下寶寶皮膚時，正常狀況皮膚顏色會變白，但若小孩有黃疸，捏過的皮膚下半部則會呈現黃色。

如果只有臉部呈現黃色，膽紅素指數約為 5mg/dL，如果連腹部也呈現黃色，指數約為 12mg/dL，如果連手臂和腿都呈現黃色，則可以推定膽紅素數值超過 20mg/dL。

然而，光靠膚色來推測黃疸指數，與血液檢查出來的膽紅素指數依然有所落差。因此，這種判斷方法與其說是用來診斷黃疸指數，不如說是用來判斷是否需要進一步檢查的必要。如果小孩的皮膚顏色從臉部到腹部都呈現黃色，建議一定要去醫院檢查。

Q. 停餵母乳可以改善黃疸嗎？

通常餵母乳的寶寶從出生第 4 ～ 7 天起，「間接型膽紅素」會上升，在第 2 ～ 3 週時達到最高值（10 ～ 30mg/dL），之後就算持續餵母乳，膽紅素的數值依然會慢慢減少。這種狀況稱作「母乳黃疸」，原因並不清楚，推測可能是母乳中含有的葡萄糖醛酸苷酶（glucuronidase）等成分所致。

如果膽紅素指數上升到需要考慮進行光線治療的程度，就該好好考慮先暫停餵母乳了。通常只要停餵 1 ～ 2 天，讓小孩先喝配方奶的話，膽紅素數值就會急劇減少。在這之後即便再次開始餵母乳，也幾乎不會出現高膽紅素血症。因此，暫停餵母乳的期間短則一天、長則三天就非常充分了，時間不需要暫停太久。

遇到這種情況，最好的解決方法就是每隔兩天就在醫院進行一次黃疸檢查，確認膽紅素數值是否有所下降。不過老實說，要將產後護理中心嬰

兒房的新生兒，或從家中帶新生兒到醫院進行黃疸檢查，這個舉動對母親和小孩而言無疑是個不小的負擔。

因此，如果是出生一週後的健康寶寶身上出現延伸至腹部的黃疸，可以在去醫院的前一至兩天先停止餵母乳看看。不過，憑藉肉眼來判斷與實際檢查出來的數值還是會有所落差，所以若寶寶看起來有氣無力或者吸吮力變弱時，就一定要先帶孩子去醫院找兒科醫生諮詢才行。

Q. 什麼是「早發型母乳性黃疸」？

通常母乳餵養的嬰兒，在出生後一週的膽紅素數值會比喝配方奶的嬰兒數值更高。這大多是由於母乳餵養不夠所產生的脫水或卡路里攝取不足所致，也就是說，「早發型母乳性黃疸」的起因並非因為母乳，而是「母乳餵養不夠」才產生。因此，在嬰兒出生後的一週內，如果母乳量不夠，一定要用配方奶補足，這樣才能預防脫水及早發型母乳性黃疸。

雖然有眾多專家主張說，為了成功餵母乳，不應該讓小孩咬奶瓶。然而，許多母親和小孩為了遵守這個主張，在過程中經歷了各種難以忍受的辛苦。因此，一旦母乳量不夠了，就用配方奶替代吧。我想同時向各位家長提醒關於「全母乳」的迷思。希望大家能明白，受限於多種情況下，選擇同時哺餵孩子母乳和配方奶，並不代表自己在「全母乳」的努力上失敗了。當然，母乳所能提供的養分毫無疑問對孩子而言是最佳的選擇，但並不需要太過於執著，也不必要因此否定自己為孩子的用心。

※註：關於是否能自主停餵母乳尚未有定論，此為作者觀點。台灣兒科醫師指出，餵母乳並非造成新生兒黃疸數值上升的唯一原因，若冒然停餵母乳可能不但無法改善黃疸，甚至因奶水食用不足反倒讓黃疸惡化，也可能因為暫停哺餵的動作使寶寶產生混淆，導致日後再次哺餵母乳的困難。因此在決定停止哺餵母乳，或是否需要「預防性」的補足配方奶之前，建議先讓兒科醫師進行專業評估後再決定。當然，為嬰幼兒的營養把關是每位家長跟兒科醫師的目標，而提供母乳正是最好的嬰幼兒營養供給手段之一，我們應該一起努力往這個目標邁進。

 Peter 醫生 小教室

哪些情況需要進行黃疸治療？

新生兒黃疸即使不治療也能自行恢復，但若狀況變嚴重，就有誘發神經毒性作用而出現「核黃疸」的危機，因此，膽紅素數值若升高至危險值的話就應進行治療。

第一階段的治療方法是「照光治療」，在遮蓋小孩雙眼的情況下，使用類似日光燈的照明裝置充分地照射可見光。此治療的原理是藉由充分照射可見光，使血液中間接型膽紅素減少。

如果已經施行「照光治療」了，膽紅素數值依然達到核黃疸危險值，那就要進行使整體血液置換的「換血治療」。

新生兒黃疸的治療判斷比想像中還要複雜。因為不光是膽紅素數值，隨著黃疸的出現時機也會左右治療與否。因此，即便有時膽紅素數值相同的兩個小孩，也還是要依出生時間，來判斷是否要實施照光治療。

1. 嬰兒出生後 24 小時內出現黃疸

常見原因：胎兒紅血球母細胞增多症（erythroblastosis fetalis）、ABO 或 RH 血液因子不合症（因產婦和嬰兒血型不同引起的免疫反應）、敗血症。

出生後 24 小時內出現黃疸的情況，非常有可能不是生理性黃疸，而是病理性黃疸。因此，為了鑑別原因，應立即進行檢查及治療。因為這時期的新生兒大部分都在醫院新生兒室，所以醫療人員會比家長更先意識到這狀況，並給予及時的處理。

2. 出生後 2 ～ 3 天內出現黃疸

常見原因：生理性黃疸
罕見原因：克果納傑氏症綜合症（Crigler-Najjar）

　　如果是健康的足月兒在這時間出現黃疸，膽紅素數值超過 12mg/dL 以上時，應考慮進行照光治療。然而在出生後的 2 ～ 3 天，黃疸可能會隨著時間變得嚴重，可以 24 小時後再重新檢查一次，或是即便數值偏低也仍然進行治療。此外，對於有危險因子的足月寶寶或早產兒可以適用不同的治療標準。

　　這幾天大多與自然分娩出生的嬰兒出院時期吻合，若在出院前察覺到有黃疸症狀，則可接受一定時間的照光治療再出院。如果是已經出院的嬰兒，請仔細觀察寶寶的膚色，如果身體發黃狀況已到肚臍附近，就得帶寶寶去醫院。

3. 出生後 3 ～ 7 天內出現黃疸

常見原因：分娩時出現的頭血腫或廣泛瘀青
罕見原因：敗血症或感染

　　健康足月寶寶出生 3 天後，若膽紅素數值超過 17mg/dL 以上時可以考慮照光治療，但倘若狀況需要，即使數值偏低也可以開始進行治療。此段時期，具有危險因子的足月寶寶或早產兒的治療標準也會有所不同。

4. 出生 1 週後出現黃疸

常見原因：母乳性黃疸（breast milk jaundice）

母乳性黃疸極有可能發生在出生超過一週的嬰兒身上。可以先暫停餵母乳 1 ～ 3 天，改成餵配方奶來觀察看看。如此一來，膽紅素數值就有急劇下降的可能。如果膽紅素數值超過 20mg/dL，或者雖然數值偏低，但寶寶全身無力、吸吮力變弱時，就要考慮進行照光治療。另外，不論是出生了幾天，只要嬰兒有發燒、吃不下或全身無力的症狀，除了黃疸檢查外，也應該要進行其他症狀診斷檢查。

常見的黃疸症狀中，母乳性黃疸大多會持續較久，但也幾乎會在出生後的 30 天內就有所改善。即使還有黃疸殘留也不太明顯。如果嬰兒出生後持續 1 個月以上出現黃疸，就極可能是病理性黃疸，一定要查明原因才行。尤其當嬰兒膚色變黑，或者出現白色、灰色的大便時，極有可能是膽道異常，請務必到醫院接受精密檢查。

註：這裡關於新生兒黃疸的論述，有些部分與台灣目前的臨床狀況有些許差異，尤其不同時期發現的嬰兒黃疸與常見原因可能有關但並非絕對，需要詳細而且完整的評估才可以。目前台灣全面使用嬰兒大便卡來及早發現新生兒膽道閉鎖等疾病，若有持續超過 2 ～ 3 週以上的延遲性黃疸（Prolonged Jaundice），或是有異常顏色大便時，都應該立即尋求專業兒科醫師諮詢及診治。

寶寶發燒
該怎麼辦？

　　面對發燒的新生兒絕對是小兒科醫生相當難受的情況之一。尤其看著爸媽凝重的神情，想到我還要對他們提出嚴肅的叮嚀，我就不禁感到窒息，表情也無法控制地僵硬起來。

　　但還是要嚴正提醒，請勿輕忽新生兒發燒的狀況。這是一個除了爸爸媽媽會驚慌失措，連醫生也必須更加沉著地謹慎以待的症狀，因為我們目睹過太多案例，不免擔心得比家長更深入，考量的層面也更廣。新生兒發燒有可能只是一個小問題，例如可能只是環境溫度過高導致體溫上升的單純原因；但同時，考慮到嚴重細菌感染引起敗血症等可能性，也有相當高的機率需要到大醫院做更仔細的檢查。

　　面對這個棘手又常見的症狀，我們就一起來瞭解看看當孩子發燒時，讓自己能冷靜應對的方法吧！

Q. 新生兒一旦發燒就要去醫院嗎？

新生兒發燒並不一定是細菌感染。因為寶寶的體溫調節功能尚未成熟，如果將嬰兒包覆太厚的布巾，或者環境溫度過高，孩子的體溫也會隨之上升。因此，建議可以先將寶寶的包巾鬆開，並稍微降低房間溫度後，再觀察體溫是否高溫不下。

排除以上的物理性致燒因素後，小孩依然燒到 37.8℃以上，並持續一小時以上時，就可以推測是感染引起發燒的。此時一定要帶小孩去醫院。然而，如果已經燒到 38.5℃以上，就不需要再花一小時觀察，務必立即帶去醫院檢查才行。

Q. 新生兒會從媽媽身上獲得抗體嗎？

新生兒擁有母體身上的抗體，因此在出生時便具有高等的免疫力，來避免被細菌、病毒感染。也因為如此，若寶寶有發燒情形，就得優先考量到有嚴重感染的可能性。

出生未滿 7 天的寶寶卻有感染情形發生，很有可能是在分娩過程中因母親的產道感染；出生滿 7 天後被感染的寶寶，主因則是外部環境。假如嬰兒本身有特殊狀況或是早產兒，則更容易發生感染狀況。

Q. 未滿三個月孩子發燒時，一定要住院嗎？

肺炎、腦膜炎、敗血症等等都會對新生兒造成致命性的傷害，而這些症狀發生的初期，大多除了發燒以外沒有其他明顯的徵兆。因此面對發燒的新生兒，也得考量到有可能是這些重大疾病。

尤其是當出生未滿 3 個月嬰兒發燒時，應該要住院進行 X 光、血液、尿液和腦脊髓液等綜合檢查，並立刻進行抗生素治療。

其實從檢查到確認病菌來源需要好幾天的時間，為了不讓等待結果的時間延誤治療，進而使寶寶陷入嚴重的致命狀態，基本上 3 個月以下的寶寶，在做完各種檢查後，直到確認細菌培養結果為止，都要持續進行抗生素治療。

大多數培養檢查呈現陰性結果後，就可以停止治療出院了。然而，如果確定檢測出像是「乙型鏈球菌（group B streptococcus）」這類致命的感染源，就得持續進行相對應的治療。

我知道，讓新生寶寶住院進行各種檢查的過程十分繁瑣，但為了以防萬一，即使再麻煩仍要做最安全有保障的確認。儘管新生兒因嚴重感染而發燒的可能性不大，但正因如此，我們都希望假如真遇上了這微小的機率時，已做好迎戰的萬全準備，並在症狀初期就掌握是否為致命性的感染，做到最及時有效的治療處理。因此，一旦新生兒發燒了，排除物理性原因後，請務必帶往醫院確認，詳細做法可參考下一頁。

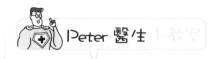

新生兒發燒時一定要去醫院的情形

➕ 發燒到 37.5℃～ 38℃左右時

　　如果是出生未滿 3 個月的嬰兒，要先確認是否有導致嬰兒體溫上升的物理性原因，像是是否穿得太多或被安置於過熱的環境中，可以先試著降低室內溫度，過個 15 ～ 30 分鐘後再次測量體溫，如果體溫正常就不算有發燒。最多等滿 1 小時，如果體溫依然高於 37.5℃，就要帶寶寶去醫院檢查。

➕ 發燒到 38.5℃以上時

　　未滿 3 個月的嬰兒若發燒到 38.5℃以上，就要立刻帶去醫院。如果孩子發燒不到 38.5℃，但胃口持續不佳，也建議立刻前往就醫。

每個家庭裡應該都會放一支耳溫槍，但較小的嬰兒（尤其新生兒）因為耳道較小及胎脂的關係，使用耳溫槍量測體溫較易產生誤差，至少要測量個三、四次比較準。我建議使用電子體溫計測量如腋溫或背溫，是不錯的替代方案。另外，用手摸額頭來判斷是否發燒是不太準確的，請一定要使用體溫計喔！

寶寶是「胎火」，還是異位性皮膚炎？

　　新生兒經常出現的皮膚問題「胎火」其實是中醫的說法。在中醫裡提到的胎火是指「嬰兒從媽媽母體裡得到的熱，透過皮膚排解時而紅通通的病徵」。老實說，我不太喜歡把「胎火」這個詞掛在嘴邊。因為在西醫醫學的教科書裡根本沒出現過這個用詞，而且囊括的範圍太廣了。

　　然而我在看診時，和爸媽溝通到後來，發現有時候不得不用「胎火」這個說法。一般來說，「胎火」這個詞已被廣為使用，就算我不樂意，也無法避免這個用語。

　　目前很難確定與「胎火」相對應的醫學專有名詞。

　　新生兒身上本來就會暫時出現各種皮膚病，大致上「暫時出現的病變」都被統稱為「胎火」。仔細分析那些被統稱為「胎火」的新生兒皮膚病變，就會發現裡面包含了栗粒疹（milia）、新生兒毒性紅斑（erythema toxicum of the newborn）、汗疹（常說的痱子，miliaria）、新生兒痤瘡（neonatal acne）。

Q. 究竟「胎火」跟「異位性皮膚炎」差在哪？

抱著皮膚發生問題的寶寶來看病的爸媽中，十之八九會問我這個問題。但是要回答這個問題絕非一件容易的事。因為區分病人的病狀是中醫的「胎火」還是西醫的「異位性皮膚炎」，這本身就非常困難。這兩個術語本身有概念衝突，可是我太常被問到這一題，一直迴避也不是辦法，所以我也準備好自我的一番見解。

首先，要正確理解「胎火」的明確定義。身為一名醫生，對於異位性皮膚炎我多少有些瞭解，但「胎火」對我而言卻是個陌生的概念。

由於「胎火」是中醫用語，為瞭解胎火的概念，我只能倚靠既有的資料，但我找到的每一份資料對於胎火的定義都不大相同。有些資料所定義的胎火，不光是皮膚病變，還包括全身的病症，也有些資料將胎火定義為跟「火」有關而產生的皮膚問題，甚至在另一份資料裡又提到，嬰兒的異位性皮膚炎也被稱為「胎火」。

然而，儘管每份資料裡對「胎火」的定義不大一致，但還是可以發現一個共通點。那就是每份資料都會提到：「胎火」是「在新生兒身上暫時出現的皮膚病變」。這一點就可以跟慢性疾病異位性皮膚炎做個區別。因此，「這是胎火，還是異位性皮膚炎呢？」這個問題就等於是在問「新生兒的這個皮膚病是暫時出現，還是會持續發展下去呢？」

但問題在於，光憑藉新生兒身上出現的皮膚狀況，很難推測後續的狀況。因為我無法僅憑著一段時間的皮膚病變，就明確區分出是胎火還是異位性皮膚炎。因此，針對這個問題，我只能給予以下的回答：

「僅由寶寶現在的皮膚狀況，很難分辨出是胎火還是異位性皮膚炎。『胎火』是新生兒出現的暫時性皮膚病變的統稱，有可能其中的某一部分是異位性皮膚炎。如果是在出生後 2 ～ 3 個月內就消失的皮膚病變，可以當作是『胎火』，但如果之後反覆復發，就極有可能是異位性皮膚炎。」

意思就是，如果皮膚病變在新生兒時期出現一陣子後消失，那就是「胎火」，如果持續一直復發，就有罹患異位性皮膚炎的可能。

Q. 如果胎火惡化成皮膚病該怎麼辦？

這個問題也是來醫院求救的爸媽常有的苦惱之一，說到底也只是概念尚未釐清才會產生的擔憂。

異位性皮膚炎的原因為先天遺傳的體質，不會因為胎火惡化，或是其他皮膚病惡化就演變成異位性皮膚炎。

當然，患有異位性皮膚炎的嬰兒，可能光從病情來看，「胎火」的情況較嚴重，但不代表「胎火惡化」就都是「異位性皮膚炎」。有些新生兒本來胎火病狀嚴重，但在出生 2 ～ 3 個月之內就好轉許多了。總結來說，患有異位性皮膚炎的新生兒的胎火症狀可能會很嚴重，但不是所有胎火症狀嚴重的嬰兒都屬於異位性皮膚炎的高危險群。因此，除了異位性皮膚炎以外，也要考慮看看是否有其他造成胎火惡化的因素。

Q. 是因為太熱皮膚才惡化的嗎？

在各種通稱為「胎火」的新生兒皮膚症狀裡，「汗疹」是最常見的。在高溫多溼的環境裡，汗腺被角質堵塞而出現「汗疹」，好發季節在炎熱潮溼的夏天。不過如果冬天時將嬰兒包覆得太厚，或者為了照顧正在產後調理的媽媽而開過熱的暖氣，也可能會發生這個狀況。新生兒的體溫調節功能尚未成熟，汗液分泌少，對炎熱和潮溼的抵抗力非常弱。因此，新生兒所在的空間需要保持適當的溫度和溼度，並且要依環境來選擇適合的衣服與被毯。

Q. 最適合新生兒的溫度和溼度為何？

按照過去的經驗，常常有家長為了幫小孩保暖，最後卻導致小孩全身起汗疹而不得已帶來小兒科看診。其實最讓新生兒感到舒適的環境，比我們想像中更涼爽，不論季節是夏天還是冬天，冷熱適中的 25℃ 和 50% 左右的溼度最為合適。不過，每個人對寒冷和炎熱的感受程度不一，再加上冷氣和暖氣系統顯示的溫度可能與實際有所差異，因此建議只要將空間保持在清涼乾爽的狀態，對寶寶而言就是最好的環境。

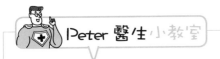

新生兒身上常見的暫時性皮膚病變

🔵 栗粒疹（milia）

主要出現於額頭、鼻子、臉頰等處，為白色或黃色的小表皮囊腫（1～2mm），約有 **40%** 的新生兒身上會出現此症狀，算是常見的皮膚病變。產生的原因是皮脂腺的角質和皮脂堵塞，只要擠一下就可以排出，不需要特別治療，在新生兒出生後幾週內就會自然消失。

🔵 新生兒毒性紅斑（erythema toxicum of the newborn）

新生兒皮膚上會經常出現紅斑性丘疹或膿皰，出現原因並不明確。剛出生的新生兒皮膚上長出紅紅的疹子，會讓許多新手父母感到很緊張，但不用擔心，即使沒有特別治療，只要過幾天就會徹底痊癒。

🔵 汗疹（miliaria）

在高溫多溼的環境中，汗管開口受到角質阻塞，汗水無法分泌而堆積產生汗疹。阻塞的位置不同，皮膚也會呈現出不同的情況。阻塞於角質層時，會產生微小透亮的水泡，稱為「晶狀汗疹」；阻塞於表皮層時，則會產生癢感和刺痛感的「紅色汗疹」。汗疹的起因來自於濕熱的環境，所以只要讓環境變涼快，大部分的人很快就會好起來。然而，汗疹狀況惡化時，嬰兒可能會覺得很癢、很痛，因此還是建議使用類固醇軟膏來治療。

➕ 新生兒痤瘡（neonatal acne）

新生兒偶爾也會長痘痘，但病因鮮為人知。新生兒的痘痘跟青春期的青春痘很類似，但比較少出現膿皰或嚴重的囊腫型痘痘。即使沒有特別的治療，大部分也會在數週內消失，或者局部擦抗生素藥膏也有很好的治療效果。

➕ 鮭魚紅斑（salmon patch）

鮭魚紅斑是皮膚表面良性的粉紅色斑塊，約有 30 ～ 50% 的新生兒身上會出現這個狀況。通常會出現在脖子後方或眼皮等部位。只要過一段時間，紅斑的顏色就會逐漸變淺至消失，時間長一點的也會在 1 ～ 2 年內消失。不過脖子後方的鮭魚紅斑會持續較久的時間，約有 50% 的機率不會消失。

鮭魚紅斑是焰色痣的一種，雖然可以用雷射治療來去除紅斑，但實際上很少有狀況是需要動用到雷射手術。清晰可見的眼皮部位的鮭魚紅斑大多會自然消失，而脖子後面的鮭魚紅斑即使沒有消失也沒有治療的必要。

➕ 大理石樣皮膚（cutis marmorata）

這是指皮膚受寒時，毛細血管和靜脈擴張而出現紅青色網狀紋路的生理現象，只要讓皮膚回溫後就會消失了。

寶寶的眼屎多到糊住眼睛，怎麼辦？

　　我經營的小兒科醫院所處的大樓最高樓層有一間產後護理之家，因此，偶爾會有家長從那裡帶新生兒就近來醫院問診，其中，我遇到不少人來諮詢寶寶的眼屎問題。雖然當我們自己眼睛裡出現眼屎時，一點都不會大驚小怪，但當看孩子的眼睛裡堆滿眼屎，即使心底知道不是嚴重疾病，仍然不免多想擔心。

　　在新生兒眼屎堆積的眾多原因裡，最主要的因素為「先天性鼻淚管阻塞」，如果還伴隨結膜充血和水腫的症狀，才需要懷疑是「新生兒結膜炎」。以下會談談「先天性鼻淚管阻塞」的應對方法。

Q. 鼻淚管阻塞時，該如何治療呢？

　　鼻淚管下端的哈氏瓣膜（Hasner's valve）通常會在媽媽懷孕 6 個月後半自動開放，然而有 4 ～ 6% 的新生兒誕生時，哈氏瓣膜呈現未開放狀態，這會導致眼淚無法排出而產生眼屎。大部分的新生兒即使沒有特別治療，也會在幾個月內自行痊癒。然而如果眼屎狀況很嚴重，同時需要做淚囊按摩和點局部抗生素眼藥水，如果出生 7 個月後問題仍然持續，就需要考慮動手術（參考本書第 49 頁）。

該如何幫孩子點眼藥水呢？

在滴眼藥水時，最重要的是幫忙滴眼藥水的人需確保雙手乾淨，並用消毒紗布或棉花沾生理食鹽水來擦除眼屎。幫小孩滴眼藥水時，首先要讓小孩躺下，將小孩的頭部倒向一側，撐開眼皮後，讓眼藥水由外向內、順著下眼皮滴入眼內。此時，眼藥水滴管和眼睛間的距離維持 2 ～ 3 公分左右最為適當，如果有人可以在旁輔助固定小孩頭部就更好了。

若孩子願意乖乖平躺，臉部正面朝上並睜開眼，可將眼藥水直接滴進眼睛內。眼藥水滴管盡量不要接觸到眼睛，若誤觸眼睛，要記得用紗布沾水或用酒精棉擦拭。

「淚囊按摩」怎麼做？

首先，按摩前家長一定要記得先洗淨雙手，用雙手拇指或食指，從眼角兩側沿著鼻翼向下按壓。此時，比起由上往下按壓的動作，點壓的「力道」更為重要，力道需要比想像中更大，足夠讓黏液和膿分泌物經過淚小孔（lacrimal punctum）逆流而上的程度，所以按壓的力道要確實，但要避免壓迫到眼球。

狀況好轉後就停藥了，結果又復發？

在先天性鼻淚管阻塞時點局部抗生素眼藥水，並非為了疏通阻塞的淚道，而是為了預防和治療更嚴重的發炎症狀。換句話說，並非症狀復發，而是需要花一點時間等阻塞的鼻淚管完全被疏通。

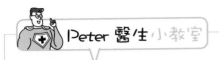

Peter 醫生小教室

先天性鼻淚管阻塞的治療法

　　若嬰兒因為先天性鼻淚管阻塞，導致眼屎反覆黏住，可以在一段時間當中持續滴局部抗生素眼藥水和進行淚囊按摩，經觀察發現，雖然新生兒鼻淚管阻塞不少見而且多數在6個月內會自然痊癒，但由於分泌物增加的情況不單只是鼻淚管阻塞會引起而已，例如新生兒眼炎這樣的情況也不少，因此若按摩效果不佳或持續嚴重阻塞的話，建議還是盡快諮詢專業的兒科或眼科醫師！

　　如果嬰兒出生 7 個月後問題仍然持續，則可以施行「鼻淚管氣球擴張術」。其實過去的經驗多會先等 12 個月再決定要不要進行手術，然而實際上孩子滿 12 個月後手術比較難進行，因此建議從較容易控制的 7 個月左右就要考慮進行手術。鼻淚管氣球擴張術的成功率很高，但假設動了手術依然沒有解決問題，那就要分階段「放置矽膠淚管」和進行「淚囊鼻腔吻合手術」。

➕ 鼻淚管氣球擴張術：此手術是使用醫療用通條將阻塞的鼻淚管疏通，最多可以施行兩次。

➕ 放置矽膠淚管：如果進行鼻淚管氣球擴張術後仍無法解決阻塞症狀，就可以放置矽膠淚管來開通鼻淚管的管徑。

➕ 淚囊鼻腔吻合手術：如果放置了矽膠淚管還是無法解決鼻淚管阻塞問題，就要進行全身麻醉，穿過骨頭來打造一條淚管。這個手術要等小孩 4 歲後才可以進行。

Case 7.

寶寶的便便
怎麼會是綠色的？

如同很久很久以前的某個廣告裡提到「嬰兒夜驚挫青屎」一樣，許多長輩認為嬰兒大綠色便是因為受到了驚嚇，至今仍有不少母親認為「大便若不是黃金色的，就代表不健康！」因為這觀念廣為流傳，讓我開始懷疑正是受到該廣告的影響。

儘管只憑著大便的顏色就判斷嬰兒的腸道是否健康，並不完全是錯誤觀念，然而，「金黃色的大便」和「腸道很健康」也並非對等的條件。也就是說，縱然黃金色的大便某種程度上代表腸道的狀態很完善，但不代表說大便不是黃金色，腸道就不健康。老實說，新生兒的大便有各種顏色，絕對不能輕易地憑著顏色就判斷腸道是否健康。

Q. 嬰兒大便呈現綠色有關係嗎？

大部分是沒關係的。在正常的狀態下，嬰兒也可能會拉出綠色大便。如果大便在腸道停留的時間較短，膽汁便會在未完全消化的情況下流出，最後大便就會是綠色的。尤其是嬰兒出生後第一次拉的「胎便（meconium）」會呈現接近黑色的綠色。第一次看到像焦油一樣黏稠的、

黑綠色的便便沾在尿布上，媽媽們多少會受到驚嚇。但這是非常正常的排便狀況，所以不用擔心唷！

嬰兒第一次的大便裡完全不含母乳或奶粉，而是在媽媽的子宮吞下的羊水、黏液、上皮細胞等的混合，大便顏色很深，但完全沒有異味，通常會黏在孩子屁股上。等出生後過了 2 ～ 4 天左右，大便會變成藏青色，這代表嬰兒開始消化母乳或奶粉，再過一陣子大便會漸漸開始變成黃色。

但此時如果嬰兒的大便呈現草綠色，那有可能就要懷疑是嬰兒「前乳後乳攝取不均」。「前乳後乳攝取不均」是指嬰兒在吸奶時太早停止，只能攝取哺乳初期分泌的母乳，也就是水分和乳糖含量高的前乳，而未吸收到含有豐富脂肪的後乳。另外，有時奶水中的鐵質未被吸收而被排到糞便中時，糞便也可能呈現綠色。孩子如果只能喝到前乳，會導致營養失衡。這種情況下，應讓嬰兒吸奶至少 15 ～ 20 分鐘，或者在嬰兒開始吸奶時，就要先吸吮之前親餵過的那一側，好讓嬰兒能充分吸收到後奶。

Q. 哪些顏色的大便才算是健康的呢？

簡單來說，除非大便呈深黑色、白色、灰色，或摻雜著血，其他狀況都不需要過度擔心。台灣目前已經全面使用大便卡，正常顏色是卡號 7、8、9 號，只要翻開兒童健康手冊的大便卡參考大便顏色即可。

一般喝母乳的嬰兒，正常健康大便是如同粥或奶油的金黃色或淡綠色。但是也有小孩會出現無水分的軟綿綿大便。排便次數從一天好幾次，到 5 ～ 7 天排出一次等情況都有。有些小孩是只要一吃東西就會排出一些大便，如果大便沒有過稀或量過多，基本上都算是正常情況。

喝配方奶的嬰兒所排出的大便，比喝母乳的嬰兒會更濃稠一點，呈現花生醬的顏色。最近也有些牌子的奶粉是喝完後，拉出來的大便顏色接近喝母乳的嬰兒的大便（亞培 Similac 奶粉、愛他美 Aptamil 奶粉等）。

從嬰兒大便顏色判斷異常狀況

深黑綠色：新生兒出生初期的胎便，只要持續觀察即可。

藏青色：剛開始喝母乳或奶粉時會排出的正常大便顏色。

黃綠色：喝母乳的嬰兒會排出的正常大便顏色，可以放心。

草綠色：有可能是「前乳後乳攝取不均」導致的狀況，餵奶時請讓嬰兒吸單側的乳汁 15 ～ 20 分鐘以上。可以先擠出一些前乳再開始餵奶，或者讓嬰兒從先前餵奶過的那一側開始吸奶。

花生醬色：喝奶粉的嬰兒的正常大便顏色，不需擔心。

深棕色：嬰兒連續幾天都沒大便時，因為大便長時間停留在大腸裡，會排出沒有水分、很臭的咖啡色大便。關於排便次數，通常喝母乳的嬰幼兒在頭一個月大便次數較多，可達一日數次，之後大便次數可能會減少至數天甚至 1 ～ 2 週一次；然而喝配方奶的嬰幼兒通常 3 天內有解出鬆軟的便便即可接受。大便的次數是參考值，其他因素包括年紀、大便形狀、顏色等都要列入考慮，若擔心有異常可帶至兒科看診。

紅色：如果便中帶血或糞便呈紅色，就一定要帶小孩去醫院檢查。

黑色：嬰兒在吸奶時吸入從媽媽乳頭中流出的血，血液被消化後就會排出黑色大便。除此之外，也可能是嬰兒腸道出血導致的狀況，建議要去醫院看診。

白色或灰色：可能是肝膽系統異常導致的狀況，應立即就醫。

寶寶尿布上紅紅的！

　　如果新手爸媽重視新生兒的排泄狀況如同重視小孩吃睡那般，那麼不僅會對尿布裡的糞便狀態很敏感，對於小便的痕跡也會同樣敏銳，尤其當小便偏紅時，多數會誤以為是血跡而相當擔心。

Q. 寶寶尿布紅紅的，難道是血尿？

　　這個問題是小兒科專科醫師考試時經常出的考題，同時也是新手爸媽經常詢問的問題。

　　新生兒尿布上有偏紅色痕跡的情況很常見。這是來自於尿液中的尿酸，尿酸在人體內是普林（purine body）的最終代謝物，經過腎臟透過尿液排出。嬰兒出生後急速地成長，同時細胞破壞會增多、尿酸排泄也會增加，因此這可視為正常現象。

　　當然透過尿液檢查來確認是尿酸還是血才是最確實的方法。由於新生兒無法在檢查時立刻小便，所以檢測方式為在會陰部黏上尿液收集袋（urine collecting bag），等一陣子才能完成一次尿液檢查。因此，一般來

說，如果可以用肉眼判別出是否因尿酸引起，就不用刻意進行尿液檢查。

Q. 我女兒出生沒幾天，尿布上就有血！

有些剛出生沒幾天的新生兒，尿布上出現深紅色的血，導致爸爸媽媽非常驚慌失措。如果是女寶寶，那就有可能是「假性月經」。

在寶寶出生前，被胎盤中遺留的母體荷爾蒙影響，所以不論男寶或女寶會有乳房肥大，或者出現分泌物的狀況，尤其女寶的生殖器裡會流出如同經血般的液體，這種情形就稱作「假性月經」，又稱作「新生兒月經」，除了血液之外，還可能會流出大量的非化膿性分泌物。不過這只是受到母體荷爾蒙影響而出現的暫時現象，只要邊觀察邊耐心等候即可。

Q. 可以帶尿布去小兒科檢查嗎？

曾有某一本育兒書裡寫道，如果發現尿布裡的大小便狀態有異常，一定要將尿布帶去小兒科給醫生診斷，也許是受到這樣的說法影響，有許多媽媽都會親自拿著尿布來給我看。對小兒科醫生而言，這種情況雖然不是什麼大事，但是當爸爸媽媽露出羞澀和抱歉的表情，把沾有排泄物的尿布攤開來時，我反而感到愧疚。

其實並不需要這樣做，只要用手機拍張照片就可以了。因為過一段時間，大小便的狀態和顏色都會有所改變。因此，與其帶尿布去看診，倒不如在一開始就拍下原始狀態的照片讓醫生參考反而更有幫助。

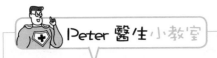

新生兒尿布上出現異常顏色的處理方法

➕ 亮橙色或粉紅色痕跡

　　極可能是因為混在尿液中的尿酸結晶導致染色，無需特別擔心。但有些情況可能暗示嬰兒有喝奶不足或甚至輕微脫水的狀況，應持續注意觀察。

➕ 深紅色或濃郁的鮮紅色痕跡

　　可能真的是血跡，需要到醫院進行尿液檢查。

➕ 出生 1～2 週的女寶，尿布沾有血跡

　　嬰兒出生前就會得到來自母體的荷爾蒙，因為這些荷爾蒙影響，有可能會產生假性月經，所以無需太過擔心。然而，當出血量較多或持續一週以上出血時，就需要去醫院就診。

➕ 出生 1～2 週的女寶，尿布沾有分泌物

　　出生初期的女嬰，有可能會受母體的荷爾蒙影響，而分泌大量非化膿性分泌物。然而，如果出現的是深色污漬或者顏色濃稠的膿塊，就應該要去醫院就診。

Case 9

我家小孩出現尿布疹了！

「幫孩子擦屁股的時候不要用濕紙巾喔！」當爸媽發現小孩尿布疹嚴重惡化而到小兒科報到時，大概都會從醫生那邊聽到這句話。

其實這句話我也很常講。雖然我沒有親自確認過，但我猜想，從我口中聽到這句嘮叨的爸媽，心裡應該會暗自覺得我很無情吧！因為當醫生說「不要用濕紙巾」這句話時，等同於在暗指是因為爸爸媽媽用濕紙巾才導致孩子的尿布疹惡化。換我當爸爸後，我才發現原來每次換尿布時，只靠水來清洗，不使用濕紙巾真的太難了。因此，我最近改口了。

「記得如果使用濕紙巾幫孩子擦屁股時，不要太用力喔！」

為了避免過度用力而摩擦出小傷口，最後發展成尿布疹，使用濕紙巾擦拭的話就請多加留意力道吧。然而，濕紙巾也只是其中一個可能引起尿布疹的原因。不管爸爸媽媽再怎麼細心呵護孩子的皮膚，一旦孩子染上腸胃炎而一直拉肚子，或者在炎熱潮溼的季節，就相當容易出現尿布疹。

當發現孩子出現尿布疹時，就要停止使用濕紙巾，避免加深病情。在尿布疹不嚴重的情況下，用清水洗淨屁股、擦乾後好好保濕，症狀便會慢

慢好轉。

　　此外，要注意保持肌膚乾爽，例如用布尿布取代紙尿褲，尿布疹的病狀會有明顯的改善，或是直接不穿尿布也很有幫助，但這需要相當的勇氣和決心。如果都確認做到了保持乾燥和持續保溼，卻還是無法解決尿布疹的問題，這時侯就應該考慮藥膏治療囉，詳細內容可參考下一頁！

　　濕紙巾的成分通常是引起爭議的原因，我的經驗是，比起使用濕紙巾，用紗布巾或毛巾更好。其實事先準備好幾十片紗布巾或者布尿布，每天用一次熱水來清洗，並沒有想像中那麼困難。如果嬰兒的皮膚很敏感、經常起疹子，比起經常帶嬰兒去醫院，不如選擇每天多花一點力氣。

治療尿布疹的藥膏

➕ 拜耳 BEPANTHEN 嬰兒護臀膏

此藥膏含有泛醇 Dexpanthenol（維生素原 B_5），具有皮膚再生功能。因為是普通藥品，不需要拿處方箋也可以在藥局購買。由於不添加類固醇，即便長期使用也較無負擔，目前廣泛使用於尿布疹治療。「不含類固醇」是這個軟膏的優點，但同時也是個缺點，因為比較嚴重的尿布疹，擦這個藥膏就沒什麼效果。

➕ 類固醇藥膏

尿布疹嚴重到一定程度時，就應該要擦含有類固醇的藥膏。含有類固醇的藥膏中，有些不需要醫生處方即可在藥局裡購買到，但比起隨意購買使用，還是建議到醫院就診後，按照病狀程度選擇適當強度和濃度的藥膏。類固醇藥膏通常依據強度分成 1 級到 7 級，用於治療尿布疹的藥膏，大多屬於第 5 級。要注意的是，雖然類固醇藥膏能改善較嚴重的尿布疹，但長期使用會造成皮膚壓力，且副作用也會增加，因此在使用相關的藥膏之前，建議還是給專業的兒科醫師或皮膚科醫師評估後再使用。

（類固醇藥膏的強度分類請參考本書第 148 頁）

➕ 含有抗真菌藥藥膏

如果皮膚除了變紅之外，還出現一些凹凸不平、衛星狀的小丘疹病變（satellite lesion）或出現鱗屑角質時，就有真菌感染的疑慮。因此，在這種情況下，應該使用含有抗真菌藥物的軟膏。

Case 10.

寶寶的舌繫帶過緊，該怎麼辦？

　　我經常碰到帶新生兒來看診或接種疫苗的母親，會順便詢問「聽說我的小孩舌繫帶過緊，一定要剪掉嗎？」這種跟舌繫帶相關的問題。

　　在二十一世紀初的幾十年當中，曾流行透過切除舌繫帶的手術來讓孩子說出完美的英語發音，當時也有不少產後護理之家直接確認好要接受手術的嬰兒，送往相關醫院動手術。也許正是因為當時的風氣依然存在，所以產後護理之家也經常向爸爸媽媽提到舌繫帶。

　　「舌繫帶過緊」是指舌頭下的一條韌帶，即舌繫帶（frenulum）緊貼舌尖下部，影響舌頭的靈活度。通常被認為與舌繫帶沾黏、吸吮母乳時造成乳頭疼痛及哺乳困難有關。但實際上，除非舌繫帶沾黏症狀嚴重，不然並不會影響哺乳和發音。

　　對於舌繫帶手術的看法眾說紛紜，並沒有明確的診斷標準及手術適應症。當家長猶豫是否要給孩子做舌繫帶手術時，醫生也很難給出一個明確的答案。因此，動手術的抉擇我都全權交給家長。為了幫助這些掙扎於是否要幫孩子做舌繫帶手術的父母，我想以最新醫學消息為基礎，提供一些關於舌繫帶過緊（tongue-tie, ankyloglossia）的治療資訊。

小孩吸母乳時不太順利，是舌繫帶造成的嗎？

其實有 50% 舌繫帶沾黏的小孩吸吮母乳時不會遇到困難，大部分有吸吮母乳困難的嬰兒也沒有舌繫帶沾黏的問題。在小孩剛出生時若遇到哺乳不順的情況，就算沒有立刻動舌繫帶手術，等待 2 ～ 3 週左右後，有些小孩的哺乳問題也能自動解決。換句話說，即使施行了舌繫帶手術，有可能依舊無法解決哺乳困難的問題。因此，新生兒若有哺乳困難，比起立刻就動手術，先進行一定程度的哺乳指導教學，同時觀察一段時間，更可以避免實施不必要手術的風險。

舌繫帶過緊會出現什麼問題呢？

一直有傳聞說舌繫帶過緊會導致孩子發音不標準，但也有不少專家主張舌繫帶過緊跟發音沒有任何關聯性。此外，雖然舌繫帶切開術相對簡單且安全，但畢竟還是一項侵入性手術，無法百分之百排除出血或感染等問題。再加上手術過程需要將剪刀放進新生兒嘴巴裡，看在家長眼裡肯定十分心痛，因此在決定是否要動舌繫帶手術時，需要採取謹慎的態度。

也就是說，建議是不得已的情況下再進行舌繫帶切開術。除非舌繫帶過緊的狀況非常嚴重，不然是否要進行舌繫帶切開術，這決定權並不在醫生身上，而是爸爸媽媽的選擇。

此外，如果確定要動舌繫帶切開術，建議要盡早執行，如果在小孩出生 3 個月之前進行，可以更簡單地完成手術。孩子的年齡越大，術後的出血量也會越多。若沒有麻醉，光是固定小孩來動手術的方式，也會增加手術風險。

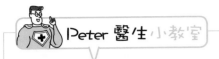
Peter 醫生 小教室

舌繫帶矯正術

➕ 舌繫帶切開術（frenotomy）

手術時僅需局部麻醉，甚至完全不需要麻醉，且只需用消毒過的剪刀切除舌繫帶，手術相對簡單。因為舌繫帶幾乎沒有神經或血管，所以一般出血不會很嚴重，術後可以立刻進行哺乳。雖然手術相對安全，但還是有些微的可能性會造成出血、感染、舌頭和唾液腺損傷等副作用。此外，有些人會留疤，有些人則會有切除舌繫帶之後又再次黏上舌頭的情況。

➕ 舌繫帶整形術（frenuloplasty）

此手術需要在手術室裡，並將患者全身麻醉的狀態下進行。主要對象為難以施行舌繫帶切開術的小孩（已過嬰兒期，12 個月以上的小孩）。因此，如果要進行第二次的矯正，或者要進行舌繫帶切開術但舌繫帶太厚，就需要進行舌繫帶整形術。將舌繫帶切開後，再用吸水絲縫合被切開的傷口。

此手術的副作用雖然少，但與舌繫帶切開術相似，可能會出現出血、感染、舌頭和唾液腺損傷等症狀。此外，還要考慮麻醉帶來的副作用。在進行舌繫帶整形術之後，為了讓舌頭活動更加順暢並避免留下疤痕，建議要多進行舌部運動。

Case 11.

孩子長鵝口瘡
是我害的嗎？

　　「口腔念珠菌病（oral candidiasis）」也就是常聽到的鵝口瘡，是口腔內膜表皮上的真菌感染症狀，其中白色念珠菌（C. albicans）又是最常見的病菌。然而，當我對爸爸媽媽說寶寶感染了鵝口瘡，十之八九的家長都會這樣問──「是不是我沒有照顧好？」

　　嬰兒出現鵝口瘡絕不是媽媽的錯。白色念珠菌平時在口腔黏膜及皮膚表面即會存在，目前對於嬰幼兒較容易有口腔的真菌感染的確切成因不是那麼清楚，一般認為與寶寶的免疫屏障較低有關。就觀察結果而言，鵝口瘡是很常見的病狀，有 2 ～ 5% 的正常新生兒患有鵝口瘡。我只會提醒爸爸媽媽，在幫小孩清潔口腔時，如果過於頻繁或過於大力地使用紗布擦拭，可能會導致鵝口瘡症狀出現。其實，不需再自討苦吃了，鵝口瘡的發生原因就是「太努力清潔口腔了」。

　　寶寶口中有牛奶殘留時，使用柔軟的紗布擦拭是沒什麼問題，但事實上，對於只喝母乳或奶粉的嬰兒而言，在長牙之前，光憑著嬰兒自己分泌的唾液就能充分發揮「自淨作用」。

　　不過，如果寶寶在長牙之前就開始食用副食品，那麼建議可以在食用副食品後，讓寶寶用喝水的方式來清洗口腔。

治療鵝口瘡的方法

　　台灣臨床上治療嬰幼兒鵝口瘡的第一線藥物通常會使用滅菌靈 Mycostatin（Nystatin 100000 unit/ml），而當治療效果不佳時會使用含有氟康唑（fluconazole）的抗真菌藥物當第二線藥物。通常使用這類抗真菌藥物時，如同治療其他真菌感染（例如足癬）一樣，會建議完成 7 天療程或至少在病灶解除後多用 3 天的藥物，同時也要針對環境及可能會放入口腔的物品（奶嘴奶瓶等）進行消毒滅菌工作，以達到良好的治療效果。

　　另外，若是媽媽的乳頭有真菌病，寶寶吸吮後也可能會得到鵝口瘡，此種情況下，母親和孩子都得同時接受治療才行。

Case 12.

新生兒保健的疑難雜症

Q. 孩子哭得那麼厲害，是腸絞痛嗎？

有些時候，寶寶既不是肚子餓，也不是尿布溼了，卻突然爆哭，而且怎麼安慰都沒有用。這種情況下，就有可能是嬰兒腸絞痛。嬰兒腸絞痛主要發生在出生 2 週到 5 個月大的嬰兒，每天都差不多在傍晚及夜間爆出又大又久的哭聲，臉脹得紅、嘴巴周圍很蒼白、彎著腿握緊拳頭，這樣的狀態在孩子哭到很疲憊或氣體排出後就會平靜下來。對於持續有腸絞痛的嬰兒，有時可以將奶粉換成改善脹氣或腸絞痛的配方。即使沒有特別措施，腸絞痛也會自然在 5 個月大前改善，所以不用太擔心。

然而，「腸絞痛」是只有在排除食欲低下或異常病因等情況後才能判定的診斷。也因為嬰幼兒哭鬧不停的原因很多，諸如感染、腸套疊等等，因此，在爸爸媽媽無法安撫爆哭的嬰兒，或者嬰兒的狀態看來令人擔心時，就建議要向兒科醫師諮詢。

Q. 孩子經常打嗝，會怎樣嗎？

打嗝在醫學上並沒有明確原因，但打嗝並不會引發健康方面的大問題，這一點是可以確定的。就經驗來看，當小孩吃得太快、吃太多，或者處在寒冷的環境時，就容易出現打嗝的狀況。因此，我們只能推測說，只要避開這些因素，應該就可以減少打嗝的狀況。爸媽們不太需要因為孩子打嗝而擔心，沒有採取任何措施，等待症狀消失也無妨。另外，幫小孩保暖或少量反覆地餵奶幾次，多多少少可以幫助嬰兒停止打嗝症狀。

Q. 小孩頭皮上長出油膩皮屑，是脂漏性皮膚炎嗎？

新生嬰兒若患有脂漏性皮膚炎，在頭皮、臉、耳、頸等有皺摺的部位，會經常長出油膩性鱗屑或黃褐色痂皮。有時候經過數個月反覆的惡化和好轉，就算沒有特別治療，也會徹底地自行恢復，但如果症狀很嚴重，則需要治療。

在頭皮上長出的痂皮，可以塗上橄欖油或荷荷巴油等，等角質軟化後再使用嬰兒洗髮精，充分起泡後洗頭來去除痂皮。若用此方法依然無法去除時，也可以嘗試看看弱效的類固醇軟膏（或類固醇液）。要注意的是，每天使用洗髮精有可能會讓頭皮變乾燥，導致病情惡化，因此建議每天用清水洗頭，2～3天再用一次洗髮精即可。

Q. 如何清潔小孩的肚臍？

臍帶一般會在出生後的 1 ～ 3 週內脫落，如果超過 4 週了還沒脫落，就要去醫院檢查是否有特別的原因。

臍帶脫落到完全癒合之前，目前台灣多數產科嬰兒室仍會教導家長使用酒精來消毒肚臍，實際上較新的研究顯示，在如台灣、韓國等衛生條件良好的地區，或是在醫院內的生產，其實並不需要使用酒精或消毒液等抗菌藥物，只要保持臍帶乾燥即可。重點在臍帶脫落的前後，每天應當檢視新生兒的肚臍情況，若有發紅、異味或膿樣分泌物時應當立即帶去醫療院所處置。

臍帶脫落後，臍帶根部會出現如尾巴般的粉紅色肉芽組織，稱為「臍肉芽腫」。這種情況下，只要去小兒科塗抹硝酸銀溶液來灼燒就會消失。倘若做了幾次灼燒手術依然無法解決，可嘗試用線綁緊來去除，若依然解決不了，就需要動外科手術了。

Q. 小孩的眼睛看起來都擠在一起，不會是斜視吧？

新生兒移動眼睛的肌肉機能尚未發育完全，因此即使沒有斜視，也有可能看起來像是斜視。尤其東方的嬰兒的鼻子較低、鼻梁較寬，內側的眼白被眼皮遮住時，很容易看起來像「鬥雞眼」的假性內斜視。

不過這個現象在 2、3 歲時就會改善，在看某個對象時，雙眼可以一起移動、一起注視。但如果眼睛的位置依然不正常或者兩眼分開移動，可懷疑為真性斜視，若持續忽略則可能造成視力發展異常甚至弱視等問題，因此建議每個孩子都應該在 3 歲半左右接受眼科檢查，確認有無斜弱視等問題。

Q. 小孩都只將頭轉向某一邊，是斜頸嗎？

即使小孩都只將頭傾向某一側，也不代表有斜頸的症狀。

因為嬰兒可能會有自己偏好躺的方向，而且也有可能是那一側有嬰兒感興趣的對象，才總是往同方向看。但如果孩子的頭總是傾向同一邊，而下巴則斜向另一側，或是如果在嬰兒的脖子上摸到硬塊，就有先天肌肉性斜頸的疑慮。另外，後天因素如睡姿、眼位異常、頭頸部淋巴腫大等問題也會引起斜頸，這種情況下，一定要到醫院接受診療和檢查，並及早開始進行復健治療。1 歲前越早治療效果越好，因此若發現嬰兒有頭部慣性歪斜、扁頭、大小臉問題，應當諮詢專業兒科醫師評估。

回想起來，似乎沒有比起這時期更讓人心力交瘁的了。從頭到尾都一無所知，害怕自己做錯而連一個小症狀也急得跳腳、保持高度警覺。現在小孩長大了，我最遺憾的是記憶中沒有好好留下當時小孩的模樣。因為連拍一張照片的空檔都很焦慮。如果我再生一個小孩，比起驚慌失措地度過艱難的新生兒時期，我會更努力把他的模樣記住。因為這是第一次，也是最後一次。

為新手爸媽準備的
寶寶成長檢查表

　　相信各位爸爸媽媽都很好奇寶寶將會如何長大,所以接下來會介紹孩子的「動作發展」及「言語發展」的進程,讓家長可以一邊觀察紀錄,一邊安心陪伴!最後,還會附上「身高、體重及頭圍」的成長參考指標,藉由客觀的數據來判斷孩子的成長狀況。

Q. 一定要做兒童健康檢查嗎？

　　嬰幼兒時期是一生中成長和發育最快速的時期，在此時產生的疾病或事故會對健康產生終生的影響。因此，在這個階段進行疾病或殘疾的早期診斷是非常重要的。此外，這時期養成的習慣很容易延續到成人之後，為了預防慢性成人疾病，應該要從小開始培養健康的生活習慣，也一定要針對各種安全事故進行預防教育。目前台灣未滿七歲的兒童享有七次的預防保健（含衛教指導）服務，以下列出補助資訊，詳情請見兒童健康手冊。

補助時程	建議年齡		服務項目
出生六天內	新生兒	出生六天內	**身體診察**：身長、體重、頭圍、營養狀態、一般外觀、頭、眼睛、耳、鼻、口腔、頸部、心臟、腹部、外生殖器及肛門、四肢（含髖關節篩檢）、皮膚及神經學檢查等。 **篩檢服務**：新生兒先天性代謝異常疾病篩檢（出生滿 48 小時）、新生兒聽力篩檢。
出生至二個月	第一次	一個月	**身體診察**：身長、體重、頭圍、營養狀態、一般檢查、瞳孔、對聲音之反應、唇顎裂、心雜音、疝氣、隱睪、外生殖器、髖關節篩檢。 **餵食狀況**：餵食方法。 **發展診察**：驚嚇反應、注視物體。
二個月至四個月	第二次	二至三個月	**身體診察**：身長、體重、頭圍、營養狀態、一般檢查、瞳孔及固視能力、肝脾腫大、髖關節篩檢、心雜音。 **餵食狀況**：餵食方法。 **發展診察**：抬頭、手掌張開、對人微笑。

補助時程	建議年齡		服務項目
四個月 至 十個月	第三次	四至九個月	**身體診察**：身長、體重、頭圍、營養狀態、一般檢查、眼位、瞳孔及固視能力、髖關節篩檢、疝氣、隱睪、外生殖器、對聲音之反應、心雜音、口腔檢查。 **餵食狀況**：餵食方法、副食品添加。 **發展診察**：翻身、伸手拿東西、對聲音敏銳、用手拿開蓋在臉上的手帕（四至八個月）、會爬、扶站、表達「再見」、發「ㄅㄚ、ㄇㄚ」音（八至九個月） * 牙齒塗氟：每半年 1 次。
十個月 至 一歲半	第四次	十個月至 一歲半	**身體診察**：身長、體重、頭圍、營養狀態、一般檢查、眼位、瞳孔、疝氣、隱睪、外生殖器、對聲音反應、心雜音、口腔檢查。 **餵食狀況**：固體食物。 **發展診察**：站穩、扶走、手指拿物、聽懂簡單句子。 * 牙齒塗氟：每半年 1 次。
一歲半 至 二歲	第五次	一歲半至 二歲	**身體診察**：身長、體重、頭圍、營養狀態、一般檢查、眼位【須做斜弱視檢查之遮蓋測試】、角膜、瞳孔、對聲音反應、口腔檢查。 **餵食狀況**：固體食物。 **發展診察**：會走、手拿杯、模仿動作、說單字、瞭解口語指示、肢體表達、分享有趣東西、物品取代玩具。 * 牙齒塗氟：每半年 1 次。
二至 三歲	第六次	二至三歲	**身體診察**：身高、體重、營養狀態、一般檢查、眼睛檢查、心雜音、口腔檢查。 **發展診察**：會跑、脫鞋、拿筆亂畫、說出身體部位名稱。 * 牙齒塗氟：每半年 1 次。

補助時程	建議年齡	服務項目
三至未滿七歲	第七次	三至未滿七歲	**身體診察**：身高、體重、營養狀態、一般檢查、眼睛檢查【須做亂點立體圖】、心雜音、外生殖器、口腔檢查。 **發展診察**：會跳、會蹲、畫圓圈、翻書、說自己名字、瞭解口語指示、肢體表達、說話清楚、辨認形狀或顏色。 * **牙齒塗氟**：每半年 1 次。

Q. 我的孩子什麼時候會走路？

　　看著小孩發育的過程，有些爸媽會訝異那些突如其來的變化，或者會覺得自己的孩子比起同齡的小孩發育落後而心急如焚。想著一直等待下去是沒關係的嗎？沒有在該發育階段成長到相對程度時，是否需要檢查和治療？這些資訊若沒有正確瞭解，爸爸媽媽的心情肯定會很鬱悶。

　　個人動作發展的速度因人而異，所以正常範圍也相當廣泛，有些幼兒的發展順序顛倒或者某個項目突飛猛進。舉例來說，有的小孩比起學會翻身更先學會坐，有的小孩不會爬就會站。因此，比起僅憑某個特定項目就判斷幼兒是否發展遲緩，更需要綜合性的判斷。

　　前面也提到過，每個人的動作發展速度差異極大，其中小孩獨自站立和走路的情況的差異更大。有些活潑又大膽的小孩，從 10 個月左右就開始走路了，有些較小心的小孩，即使都滿週歲了，只要沒有家長的幫助，就不想一個人走路。與其說這是發展差異，不如說是因為小孩的個性和性

向造成的差距。因此，並非小孩很早就會走路，就代表他在其他領域也能領先發展。

Q. 孩子動作發展的順序和時期

原始反射：剛出生的新生兒主要都會彎曲四肢出現原始反射（莫羅氏反射、抓握反射、步行反射）。嬰兒躺下的時候，很常會出現頭轉向一邊，胳膊和腿伸直的不對稱張力頸部反射姿勢。出生 1 個月左右時，當嬰兒趴在地板上，可以抬起下巴左右轉頭。

自發性動作：出生 3 ～ 4 個月時，嬰兒的原始反射減弱，開始出現自發性動作。出生後 3 個月左右，可以趴在床上伸展手臂、抬頭和抬胸。4 個月左右則可以用手或手腕支撐，垂直抬起頭和上半身。

不對稱張力頸部反射消失後，雙手一起碰物體時，手臂和腿也會呈現對稱狀態。嬰兒看到物體後，手臂會慢慢動起來，想要伸手去抓住。

穩定脖子：出生 3 個月左右，嬰兒坐著的時候就可以稍微撐起頭。出生 4 個月左右時，嬰兒可以在上半身直立時，頭部保持平穩。

翻身：出生 4 ～ 5 個月時，嬰兒可以從趴著的姿勢翻身到躺著的姿勢，再從躺著的姿勢翻轉到趴著的姿勢。有的嬰兒不用翻身就坐得起來，而有的習慣躺著的嬰兒，會比起習慣趴著的嬰兒更晚學會翻身。不過，要留意不能讓 1 歲內的嬰兒趴睡喔！

坐立：7 個月左右就可以自己坐著，到 9 個月左右時，就可以坐著轉動腰部，10 個月左右則可以獨自一人坐著。

爬行：7 個月左右可以匍匐前進，8 個月左右則可以爬行。少部分嬰

幼兒爬行的時期非常短，甚至略過爬行階段而直接開始學會站立及步行，這不能算是發展異常，通常在沒有足夠空間讓嬰幼兒活動時會出現這樣的情況，所以請為孩子建立足夠而且安全的活動空間。

站立：10 個月左右可以抓著東西站立，12 個月左右則可以獨自站立。

走動：10 個月左右可以雙手抓東西走一兩步、抓著傢俱走路。到了 12 個月左右，多數小孩都可以獨自走路，15 個月左右時通常都能自己穩定前進了。

跑動：18 個月左右時，可以緩慢地跑步，到了 24 個月左右，則可以熟練地跑步。

上下階梯：15 個月左右時，可以勉強爬上樓梯，18 個月左右時，只要一隻手牽著就能爬樓梯。24 個月左右在上下樓梯時，一次就可以踏好一個階梯。30 個月左右時，則可以一步一步輪流踩著臺階上樓梯。

單腳站立和跳躍：36 個月左右時可以短暫地單腳站立，48 個月左右可以單腳跳躍，60 個月左右則可以單腳輪流站立或跳繩。

Q. 孩子發展語言能力的過程

在語言發展方面，就跟學習站着和走路一樣，每個小孩的成長差異很大。發展較快的小孩，在週歲之前就可以講出幾個單字。也有些發展較遲緩的小孩，就算只經超過 2 歲了，依然無法好好講出一整句話。有些小孩語言方面較晚開竅，但之後依然能正常學習講話，不會產生什麼問題。但其中也有需要特殊治療的情況，我們可以參考下述進程再做進一步評估。

6 個月大：可以表達自己多種的情緒，還可以透過對方的表情或語調做出相對的反應來溝通。

7 個月大：可以重複發出「媽～媽～」「爸～爸～」等疊字。

8 個月大：可以發出「ㄅ～ㄆ～ㄇ～」等不同的音節。

12 個月大：可以講出「媽媽」、「爸爸」等單字，而且還能夠理解「不行！」「給我」「再見」這類的簡單指示，並立刻給予合宜的回應。

15 個月大：可以認出身體的幾個部位，有時候會一整天毫無意義地反覆唸出。

18 ～ 24 個月大：小孩能夠將「物品」和「單字」連結在一起，詞彙能力迅速增長。通常在 18 個月左右使用的詞彙有 10 ～ 15 個，在 24 個月時則有 100 個以上。他們也會開始將單字組合成簡單的句子。

滿 2 ～ 5 歲大：這是語言發展最迅速的時期，小孩使用的詞彙從 50 ～ 100 個增加到 2000 個。在一句話中使用的詞彙量大約等同於小孩自己的年齡。也就是說，滿 2 歲時大約會用兩個詞彙構成一句話，滿 3 歲則會用三個詞彙來講一句話。

如何判斷孩子是否語言發展遲緩？

一般來說，如果小孩都滿 2 歲了還不會說話，就算是「語言發展遲緩」。語言發展遲緩的原因有「聽力障礙、情緒障礙、智力障礙、環境因素、自閉症、腦性麻痺」等，要判斷一個小孩的語言發展狀況是否真的有問題，並非簡單的事。

臨床上評估兒童發展時，會從幾個面向：粗動作（如翻身、走路）、細動作（如握住奶瓶、捏小東西）、語言及認知（如揮手再見、有意義的叫爸爸媽媽）和社會性發展（如怕陌生人）這幾個部份去綜合觀察，有時只會出現其中幾項發展異常，而這些關於兒童發展時程的量表在兒童健康手冊中有詳細的發展里程碑可以參考，也點出幾個需要注意的紅旗警訊（Red Flag Signs），若有疑慮時請儘快諮詢專業的兒科醫師。

基本上，若小孩符合下列的症狀，就有語言發展遲緩的疑慮，建議不要遲疑，立即向小兒科或小兒神經科醫生諮詢。

□ 出生 12 個月，但一句話都不會說。
□ 出生 18 個月，但比起講話更常用肢體語言來表達。
□ 滿 2 歲但無法用簡單的兩個詞彙組成一句話。
□ 滿 3 歲依然無法用一句話來表達自己的意思。

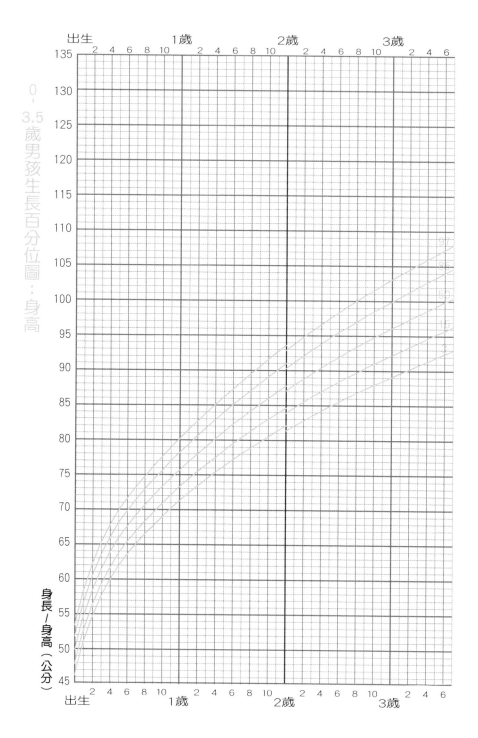

0 - 3.5 歲男孩生長百分位圖：身高

身長／身高（公分）

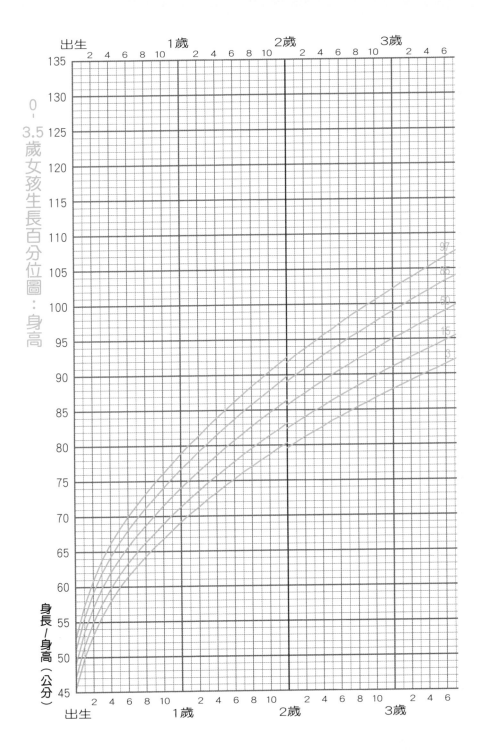

出生　　　　　1歳　　　　　2歲　　　　　3歲
　　2　4　6　8　10　　2　4　6　8　10　　2　4　6　8　10　　2　4　6

135

130

125

120

115

110

105

100

95

90

85

80

75

70

65

60

55

50

45

0-3.5歲女孩生長百分位圖：身高

身長／身高（公分）

97
85
50
15
3

　　2　4　6　8　10　　2　4　6　8　10　　2　4　6　8　10　　2　4　6
出生　　　　　1歲　　　　　2歲　　　　　3歲

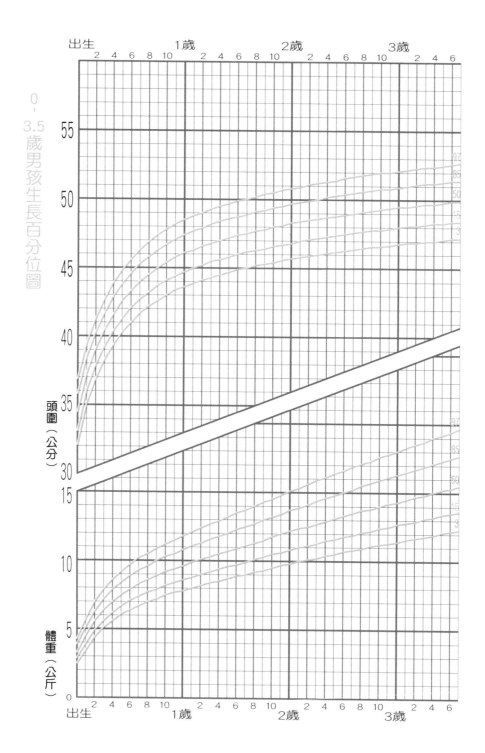

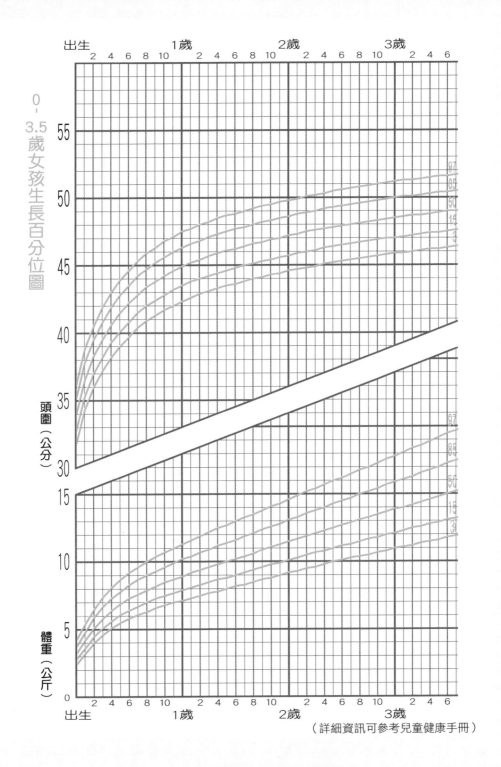

出生　　1歲　　2歲　　3歲
　　2 4 6 8 10　2 4 6 8 10　2 4 6 8 10　2 4 6

0
-
3.5
歲
女
孩
生
長
百
分
位
圖

頭
圍
（
公
分
）

體
重
（
公
斤
）

97
85
50
15
3

97
85
50
15
3

出生　　1歲　　2歲　　3歲
（詳細資訊可參考兒童健康手冊）

Chapter

2

12 大症狀 Q&A——孩子不舒服的常見原因！

　　在現代社會，我們只要在搜尋欄輸入關鍵字按下確認，就能輕易獲得各種資訊。相對地，也同時要具備從大量的搜尋結果中，篩選出正確資訊的能力。常常就會發生，一開始只不過因為好奇想上網找出答案，反而陷入更大的混亂中而困惑。我想許多人應該都有過至少一次這樣的經驗吧！

　　在知識氾濫的生活中，對我們而言，比起查找資料更重要的是「辨別資訊真偽的能力」。不過，應該幾乎沒有人具備分辨世界上所有領域資訊的能力，尤其是「醫學」這門專業又艱深的科目。醫生們經歷了長時間的知識學習和技能研習，加上醫學新知與技術日新月異，必須持續吸收消化才得以在為每個病患看診時做出正確的分析判斷。所以，醫學疾病等相關資訊對一般民眾來說，絕對是訊息量龐大，內容又過於艱澀難懂的領域，若要從網路上找到正確的知識和解答，肯定是件不容易的事。

我認為保護眾人免於被毫無根據的不明醫療資訊影響，這是包含我在內的所有醫生們該承擔的課題和使命。因此，我想仔細地告訴大家關於小兒疾病的正確知識。

　　對於該如何整理和呈現小兒疾病的觀點，我苦惱了許久，經過長時間思考後，我決定要依照症狀來分類。第二章會介紹小兒科經常接觸到的 12 種兒童症狀包含發燒、痙攣、咳嗽、呼吸困難、鼻涕或鼻塞、腹痛、嘔吐、腹瀉、便秘、頭痛、耳朵痛、起疹子等，並說明這些症狀的代表性原因和應對措施。

　　「這是生了什麼病呢？」通常出現特定症狀時，家長就會這樣詢問。當然為了得到正確且專業的建議還是得去一趟小兒科，但總會有當下無法馬上就診的情況，或者雖然看了醫生，卻因為看診時間比較急促而無法充分理解病由，許多問題和疑惑也都在離開診間才浮現，所以回到家還是透過網路搜尋解答。因此，我相信這個章節對於經歷這些情況的家長而言，將會成為非常有用的應用對策祕笈！

Case 1.
孩子發燒了

毫無疑問，家長最常帶孩子來診所報到的原因正是「小孩發燒了」。

發燒的定義為肛溫 高達 38℃以上。雖然量測體溫最準確的方式是用水銀體溫計測量肛溫，但因為過程較為不便利，所以通常都會使用耳溫槍取代。耳溫槍是透過紅外線來測量耳膜溫度，除了使用上簡便許多，其量測結果跟測量肛溫的落差也不大。

發燒是我們的身體面對感染時產生的積極防禦反應。體溫上升有助於活化免疫系統，進而有效提高對於感染的抵抗力。然而，發燒的時候會加速氧氣消耗量與心臟輸出量，身體的負擔會增加，在一部分孩子身上恐怕會引發熱性痙攣。因此，如果為了緩和發燒，或許可以考慮服用預防熱性痙攣的退燒藥。不過，有個觀念需先說明，那就是比起讓小孩退燒，更重要的是釐清發燒的原因，也就是說，找出引起身體發燒的根本原因為優先，而不是急忙餵藥給孩子讓身體退燒。

註：發燒的定義是身體的「中心溫度」達到38℃以上，而肛溫最接近中心體溫。但因不建議頻繁測量新生兒肛溫，加上測量肛溫的不便利性，可以測量背溫或腋溫取代，而3個月以上嬰幼兒可以測量耳溫。

Reason. 未滿 3 個月寶寶的發燒原因

基本上原因從單純的病毒感冒，到尿路感染、敗血症、腦脊髓膜炎、蜂窩性組織炎、關節炎、腸胃炎、肺炎等重大細菌感染都有可能。透過看診無法判斷是否有嚴重感染，所以建議這時期發燒的嬰兒都要住院，接受檢查後再開始使用經驗性抗生素治療才安全。因此，出生不到 3 個月的嬰兒發燒時，一定要帶他去醫院。通常嬰兒體溫超過 38℃ 時，小兒科醫生很有可能會開給家長轉診單並建議家長帶小孩去大醫院就醫。

Reason. 3 個月～ 3 歲寶寶的發燒原因

發燒最頻繁的年紀是出生 3 個月～ 36 個月。 此時期造成發燒的原因中，以病毒感染（50%）為最大宗。不過中耳炎（30%）、肺炎（12%）、敗血症（4%）、尿路感染（1%）、細菌性腦膜炎（0.3%）等細菌性感染的可能性也很大。因此，在這一時期的小孩如果發燒，不能只給孩子服用退燒藥，應該要去小兒科查明發燒的原因。

Reason. 滿 3 歲之後的發燒原因

感染性疾病的發病率降低，因此發燒的情況也會跟著變少。但是，在發燒頻率相對減低的年齡裡，一旦發燒，就要好好觀察是否有嚴重的原因。 因此，如果 3 歲以上的兒童發燒了，就一定要到小兒科看診，找出發燒的原因。

Q. 無法盡速就醫時，在家可以如何處理呢？

當孩子發燒超過 38℃，如果沒有特別不舒服時可以暫不處理稍作等待；然而，孩子發高燒到 39℃ 上下而且感到難受時，最好先給他服用退燒藥。有些人會在孩子發燒時將衣服脫掉，但當皮膚露出，毛孔會收縮來阻擋熱氣散出，反而導致體溫上升。因此，不需要脫掉孩子的衣服，只要避免小孩穿得太厚或包得太緊即可。

之前有聽說用溫水擦身體的常見偏方，其實剛開始發燒的時候，小孩會覺得冷或是出現四肢冰冷的現象，這是腦部的「體溫定位點提高」的關係，一旦體溫提高到定位點之後，四肢便開始溫熱，畏寒怕冷的感覺也會改善。過一段時間或使用退燒藥以後，體溫定位點開始下降，這時小孩可能會覺得熱，並且開始流汗退燒。因此用溫水拭浴等物理退燒，不會改變發炎反應引起的體溫定位點的異常上升現象，退燒效果並不佳。詳細使用退燒藥的建議可參考 P.152。另外，要提醒爸爸媽媽，用冰敷或酒精擦身體來退燒是禁忌喔！

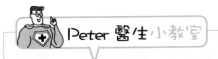

Peter 醫生小教室

半夜孩子突然發燒的話，要送急診嗎？

「假如孩子在深夜突然燒起來，要不要送急診呢？」相信滿多家長都有類似的疑問和經驗。然而事實上，許多人即使去了急診室也只會拿到退燒藥，孩子並沒有得到其他的處理。所以，如果小孩「不」符合下列敘述，不妨先在家裡讓小孩吃點退燒藥、哄睡之後，第二天早上再帶去小兒科看診。

➕ 小孩晚上突然發燒時，一定要去急診室的情況

- ☐ 3 個月以下嬰兒出現發燒。
- ☐ 尿量大幅減少。
- ☐ 哭泣時沒有眼淚。
- ☐ 意識不清，持續昏睡、未發燒時躁動不安、眼神呆滯。
- ☐ 痙攣、肌抽躍、肢體麻痺、感覺異常。
- ☐ 持續頭痛與嘔吐。
- ☐ 頸部僵硬。
- ☐ 咳痰有血絲。
- ☐ 呼吸暫停、未發燒時呼吸急促、呼吸困難、吸氣時胸壁凹陷。
- ☐ 心跳速度太慢、心跳不規則。
- ☐ 無法正常活動，例如不能爬樓梯、走小段路會很喘。
- ☐ 皮膚出現紫斑。
- ☐ 嘴唇、手指、腳趾發黑。

（此處參考台灣兒科醫學會資訊後調整）

孩子突然痙攣

　　孩子出現「發作（seizure ＊，或作癲癇）」是最容易讓家長和醫生驚慌的狀況。但是臨床上這樣的症狀在兒童身上很常見，約有 10% 的兒童可能會出現一次「發作」。

　　「發作」很容易被誤以為是神經系統的問題，但兒童發作更多是因為「發燒、感染症、頭部外傷、缺氧、中毒、心律不整」等非神經系統因素引起的，而當發作中伴有運動症狀時，稱為「痙攣（convulsion）」。此外，「嬰兒摒息症（breath-holding spell）」和「昏厥（syncope）」偶爾也會被誤以為是「發作」，有一部分的人會因為神經刺激而出現假性癲癇。

　　嬰兒經常出現的發作症狀中，只有 1/3 左右是屬於「癲癇症（腦癲症）」。人一生中癲癇的累積頻率為 3% 左右，但有一半的機率會在兒童時期出現。然而，大多數的兒童癲癇在小孩的成長過程中恢復，因此癲癇的實際年發病率只有 0.5~0.8% 左右。這本書如果再涉略癲癇的內容會有些牽強，所以這邊只介紹兒童最常見的發作症狀──熱性痙攣。

＊ 註：當腦細胞不正常的釋放電波，引起身體產生不自主的動作或出現視覺、聽覺等異常等，在醫學上稱之為「seizure」。若是突發性且短暫性的 seizure，就稱之為「發作」，而多次發作則稱為「epilepsy」，也就是「癲癇症」。

Reason. 熱性痙攣

熱性痙攣是指在中樞神經系統沒有感染或代謝疾病的情況下，與「發燒」一起出現的痙攣疾病，主要出現於出生 6 個月到 5 歲之間的小孩。熱性痙攣的頻率達全體少年兒童的 3 ～ 5%，並不罕見，而且許多情況都帶有家族病史。雖然約 3/4 的發作為「單純性熱性痙攣（simple febrile seizure）」，發病之後恢復狀況良好，但還是需要鑑定看看是否為腦膜炎或敗血症等急性感染疾病。

熱性痙攣通常會在體溫突然上升到 39℃ 以上時發生。持續數秒到數分鐘之間出現「強直陣攣性發作」的症狀，全身僵硬、肌肉收縮後反覆抖動。

假如痙攣持續 15 分鐘以上、或一天發生 2 次以上、或非全身性發作、或者痙攣後出現局部神經學症狀的痙攣，以上幾種稱為「複雜性熱性痙攣（complex febrile seizure）」。複雜性熱性痙攣有可能會進展成癲癇，所以一定要進行腦波等精密檢查。

Q. 小孩第一次出現痙攣時，該如何處理？

第一次看到小孩痙攣時，很難知道痙攣何時會停止，因此建議立即前往醫院急診室或打 119 急救。如果症狀持續 5 分鐘以上，就得注射解痙藥，這時越早抵達醫院越好。雖然機率很小，但偶爾還是會出現從熱性痙攣進展成「癲癇重積狀態（status epilepticus）」的情況，癲癇重積狀態指的是發作 30 分鐘以上、中間沒有恢復意識的癲癇，屬於非常危險的重症疾病，因此，建議家長發現小孩正在痙攣時，就要做好送急診的準備。

爸爸媽媽看到孩子痙攣一定會相當恐慌，但請盡量保持冷靜，發作時很重要的步驟是避免其他併發症及其他傷害發生。 如果孩子發作當下躺著，要將小孩的頭往兩側轉避免嗆吸嘔吐物，也要防止孩子的身體從床上或沙發掉落，或碰撞危險物品造成外傷。

此外，在等待救護人員或交通工具的期間，盡量仔細記住發作的過程，例如有無意識、痙攣後的動作等等，或是用手機錄影，這些記錄對醫師判斷是否為單純性或複雜性熱性痙攣會有很大的幫助。

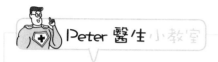

治療熱性痙攣的方法

熱性痙攣大部分會在幾分鐘內自動停止，因此不需要注射抗痙攣劑。但如果持續抽搐 5 分鐘以上或接連發生，則需要注射抗痙攣劑 Diazepam 或 Lorazepam。

➕ 首次出現痙攣時，若有以下狀況就需要進行精密檢查

並非因為出現痙攣就全都要接受精密檢查。但如果有出現以下症狀，就需要藉由腦波檢查、腦脊髓液檢查、醫學影像檢查、血液檢查等檢查來掌握正確的病因。

☐ 沒有發燒卻出現痙攣時。
☐ 第一次熱性痙攣是在 1 歲前或滿 5 歲後。
☐ 熱性痙攣發作持續 15 分鐘以上時。
☐ 一天發生兩次以上熱性痙攣時。
☐ 熱性痙攣局部發作，或者痙攣後出現局部神經問題（麻痺、感覺異常等）。

*註：腦膜炎、腦炎或其他腦部疾病引起的痙攣，有時候在較小的孩童身上發作時也會看起來像熱性痙攣，但卻必須立即介入治療，因此未滿 1 歲的幼童出現熱性痙攣時，會考慮進行精密檢查來排除這些疾病。

孩子開始咳嗽

　　咳嗽是呼吸道產生的反射作用，為了排除呼吸道的異物或分泌物而出現的強力生理反應。通常當黏膜發炎、分泌物和異物刺激到那些分佈於耳、鼻、咽、喉部的感覺神經時，由神經末梢發出訊息、傳入大腦延髓咳嗽中樞引起生理反射，再向喉嚨肌肉、支氣管、肋間肌、橫膈膜、腹肌、胸肌等傳達信號後產生咳嗽現象。

　　偶爾會遇到有些家長搞不清楚「咳嗽」和「打噴嚏」的差別，這兩者狀況全然不同。雖然都是為了除去黏膜上的異物而出現的生理反應，但「咳嗽」是從呼吸道而來，「打噴嚏」則是從鼻腔產生的作用。

Reason. 急性咳嗽的原因——感冒、吸入異物

　　急性咳嗽主要是由病毒引起的上呼吸道感染，通常感冒症狀不會持續超過 2 週。若咳嗽超過 3 個禮拜，就有可能是感染了黴漿菌或細菌性併發症，可能有支氣管炎、肺炎、鼻竇炎等風險。

本來就有各式各樣的病毒會引發呼吸道感染。因此，如果接續感染了其他病毒，咳嗽就可能會維持很長的時間。尤其若孩子已經去托兒所或幼兒園上課，或是有其他兄弟姊妹去學校上學，就難免被反覆傳染感冒。

另外，卡痰或吸入異物也會引發咳嗽。遇到這種情況時，即使沒有感冒前兆，也可能會突發性地一直咳嗽。

Reason. 慢性咳嗽的原因——感冒、氣喘、鼻竇炎等

咳嗽持續 3 週以上時，就算是慢性咳嗽。最常見的原因為「反覆地感冒」。也就是說，一直持續感冒時，就會感覺長期都在咳嗽。如果除了咳嗽之外，還有很急促的喘鳴聲和呼吸困難的狀況，那就可被診斷為「氣喘」（asthma）。但是，還有一種是「咳嗽變異型氣喘（cough-variant asthma）」，無明顯喘鳴，只有嚴重的咳嗽症狀。

呼吸道沒有特別問題卻反覆乾咳，這就屬於心因性或習慣性咳嗽，心因性咳嗽指的是抽動症（Tics）/ 妥瑞症（Tourette syndrome），一種發生在學齡前到青春期前的神經精神學疾病，與呼吸系統無關，可能導因於腦內神經物質多巴胺不平衡的問題。相較於其他慢性咳嗽，主要在夜晚時變得嚴重，心因性引起的咳嗽在孩童睡著以後反而會停止，可以利用這點來跟其他慢性咳嗽做鑑別診斷。

通常孩子不會因為咳嗽而向家長反應哪裡痛，所以爸媽需要主動觀察幾點事項，例如小孩明明身體狀況還不錯，卻長時間一直咳嗽，就有可能是肺炎黴漿菌造成的支氣管炎，尤其由肺炎黴漿菌導致病情惡化成肺炎的情況也不在少數，需要仔細追蹤。另外，孩子若除了咳嗽之外，還同時出現鼻涕、鼻塞、鼻涕倒流等狀況，就有可能是鼻竇炎了，這時需要一些積極治療，才能舒緩孩子不舒服的症狀。

最後，空氣品質也會影響人體呼吸道，包含懸浮微粒、空氣過於乾燥，或二手菸等等都會引發咳嗽症狀的出現。

Q. 孩子咳得很厲害，在家裡可以如何緩解呢？

很可惜，治療咳嗽沒有特效藥。不過，充分且頻繁地攝取水分或者加溼空氣可以幫助排——讓氣管保持溼潤也具有止咳的效果。如果是 1 歲以上的小孩，可以將蜂蜜加在 5 ～ 10 毫升左右的水裡讓小孩喝，有效調節夜晚的咳嗽症狀。然而要提醒爸媽孩子未滿 1 歲前，因為有肉毒桿菌毒素引起食物中毒的危險，這個階段的孩子還不能吃蜂蜜，可以試試看讓小孩喝秋梨膏＊來舒緩咳嗽症狀。

＊註：秋梨膏為傳統藥膳，是加入梨子、老薑和紅棗燉煮而成的，有利於潤肺止咳。這邊提到非醫療處置的偏方，雖然可以試試看，但也要提醒爸爸媽媽如果孩子的咳嗽持續或惡化，還是要給專業的兒科醫師評估治療。

Peter 醫生小教室

有需要吃止咳藥嗎？

滿多說法都認為，咳嗽是當有異物或疾病引起各種刺激時，身體產生的一種保護肺部的防禦現象，因此沒有必要治療咳嗽。但是，嚴重咳嗽不僅會讓小孩感到不適，甚至還會影響睡眠。所以，如果咳嗽症狀嚴重，就有緩解症狀的必要。

問題在於「沒有特別有效的藥物能治療咳嗽」。服用 Levodropropizine、Privituss Suspension 等止咳藥時，可以稍微緩解症狀，亦可以與 Ambroxol Hydrochloride、bromhexine HCl、Acetylcysteine、Pelargonium sidoides、Ivy leaves（小綠葉）等化痰藥一起服用。在支氣管過敏的情況下，使用支氣管擴張劑（口服製劑或貼片）效果更佳。

➕ 支氣管擴張劑貼片容易掉落，可以重新貼回去嗎？

Hokunalin®、Hokuterol® 等支氣管擴張劑貼片大多為持續釋放型藥品，也就是藥品緩慢釋出，達到長久的藥物治療作用，所以貼片掉落了，在體內也會留存一定的效果，因此不需要重新貼上去。建議一天不宜貼超過 1 張，並在夜晚支氣管變得更敏感時，睡前就貼上貼片預防咳嗽。

＊註：台灣目前沒有支氣管擴張劑貼片的處方藥，請不要拿著本書請醫生開藥喲（笑）。

Case 4.

孩子呼吸困難

除了咳嗽以外，最緊急的呼吸道症狀就是「呼吸困難」。呼吸困難屬於緊急情況，應立即送醫或送急診室。

引發呼吸困難最具代表性的疾病有氣喘、細支氣管炎、急性咽喉氣管支氣管炎、過敏性休克等等，以下就來瞭解這幾項原因吧。

Reason. **氣喘**

小孩發生的氣喘大多為過敏性疾病。氣喘是指負責將吸入的空氣向肺部輸送的支氣管變窄，而導致呼吸困難。

主要症狀為嚴重咳嗽、喘鳴、呼吸困難等，若呼吸道感染導致病情惡化，通常會在夜晚、凌晨或運動後加重。

氣喘發作時通常在吐氣會聽見明顯的咻咻聲為「喘鳴（wheezing）音」，在不嚴重的時候，透過聽診器才能聽見，但狀況嚴重時能直接憑耳朵聽見，而且氣喘發作更劇烈時，因為支氣管過度收縮而使空氣完全無法順利進出，甚至會完全聽不到呼吸音。

氣喘要依頻率（間歇性～持續性）和嚴重程度（輕症～重症）來選擇治療方法，進行持續的管理和治療。因此，被告知可能有氣喘或被診斷有氣喘症狀的小孩需要主治醫師定期的診視及長期治療。

Reason. 細支氣管炎

細支氣管是從支氣管裡延伸出來的更細小支氣管，當細支氣管被病毒感染而發炎時，就稱為「細支氣管炎（Bronchiolitis）」，是一種常見的肺部感染。大部分都是由呼吸道融合病毒（RSV）引起的。此病症好犯於 2 歲前的幼童，因為這個時期的細支氣管容易因黏液、痰塊及腫脹的黏膜阻塞而發生呼吸困難、喘鳴的症狀，表現上與較大孩童的氣喘有些類似，有許多研究討論細支氣管炎與氣喘的關聯性，雖然目前沒有定論，但多數認為兩者存在一定的相關性。

如果同時服用能緩解症狀的藥物和進行呼吸道治療，大約 1 週後就會恢復。但當孩子因咳嗽、呼吸困難到無法入睡，或者食量明顯減少，就要考慮住院治療。有時甚至會嚴重到需要用呼吸器輔助，因此，當出生 6 個月內的嬰兒出現咳嗽症狀時，應當密切注意他是否患有細支氣管炎。

Reason. 急性咽喉氣管支氣管炎

有些小孩在凌晨突然發出如狗吠般的咳嗽聲、聲音沙啞，這是所謂的急性咽喉氣管支氣管炎（acute laryngotracheobronchitis）。咽喉裡有聲帶，聲帶因病毒感染而發炎腫脹時，嗓子便會沙啞、發出狗吠般的咳嗽聲，這也稱為「哮吼（Croup）」。在準備去急診前，呼吸新鮮氧氣或水蒸氣噴霧能緩解症狀，可以嘗試先讓孩子在充滿水蒸氣的浴室裡待一下。

哮吼症狀發生時，氣管變得很狹窄，可能會出現呼吸困難等危機狀況，尤其與細菌感染引起的「急性會厭炎（acute epiglottitis）」難以辨認，可能引起嚴重的上呼吸道阻塞，需要及時給予抗生素避免惡化。因此，如果孩子已經出現咳嗽、呼吸困難的症狀，請立即就醫。

Reason. 過敏性休克

如果蕁麻疹等過敏症狀影響到呼吸道，也可能導致呼吸困難的危險情況，通常會在接觸過敏原的 30 分鐘內，血壓急劇下降而陷入休克狀態。就算只是出現單純的皮膚蕁麻疹症狀，也一定要去醫院看診，最重要的原因正是怕會出現「過敏性休克」。引起「過敏性休克」反應當中最具代表性的過敏原是花生、蕎麥、甲殼類等食物。

雖然「過敏性休克」的症狀非常危急，但只要施打腎上腺素和類固醇等就可以恢復。只有極少數的人會因為特定物質而出現「過敏性休克」反應，在有反應的當事人身上可能會有致命性的危機。因此即便只有經歷過一次「過敏性休克」反應，爸爸媽媽也一定要將這狀況告知托嬰所或學校，平時也應仔細瞭解加工食品的原料及製造過程，外出用餐時需要告知餐廳特別避開孩子的過敏原。另外，孩子出門要攜帶速效注射型腎上腺素器（EpiPen®），以備不時之需，也要仔細告知老師或和孩子長時間相處的人其使用方法。

Case 5.
孩子流鼻涕、鼻塞

　　導致流鼻涕和鼻塞最常見的原因就是「感冒（common cold）」，而「感冒」換句話說就是「感染性鼻炎（infectious rhinitis）」。

　　「這是感冒，還是鼻炎？」

　　在診間，有許多家長會這樣詢問。嚴格來說，這問題本身不太正確。因為稱作「感染性鼻炎」的「感冒」本身就有「鼻炎」的概念，感染性鼻炎的代表性疾病除了「感冒」之外還有「鼻竇炎」；另一方面，「非感染性鼻炎」又分為「過敏性鼻炎」或「因鼻腔結構異常導致的鼻炎」等，這兩者皆很難在短期內治好。

　　因此建議各位在詢問醫生「這是感冒，還是鼻炎？」這個問題時，其實可以用「這是感染性鼻炎，還是非感染性鼻炎呢？」「短期內可以治好嗎？還是不行呢？」這類的問句來替代，或許可以得到更明確的說明喔！

Reason. 感冒

　　感冒是一種病毒引起的疾病，主要症狀為流鼻涕和鼻塞。不大會有頭痛、肌肉痛、高燒等症狀，即使出現這些症狀通常也很微弱。雖然偶爾病

原體會入侵鼻竇組織，但大多會在幾天內自然好轉。感冒在一整年當中都會出現，但初秋到晚春最為流行。然而，由於近來冷氣普及，導致夏季因為空調關係也經常出現感冒症狀。

未滿 3 歲的兒童平均每年會得 6～8 次感冒，一年得 12 次以上感冒的比率也達 10～15%。在上幼稚園的第一年罹患感冒的機率比起待在家時高 50%，未滿 3 歲就去幼幼班的孩子罹患感冒的機率更高。隨著年齡的增長，一年中得感冒的次數會逐漸減少，成人平均每年罹患 2～3 次感冒。

有各式各樣引發感冒的病毒血清型，而且變種眾多，因此，不會因為已經得過一次感冒就形成免疫力，而是會反覆地一再感染。若鼻黏膜上皮細胞被感染，就會因為急性發炎而出現多種症狀，如果持續發炎，就會導致鼻竇開口（sinus ostium）和耳咽管（eustachian tube）堵塞，進而產生「細菌性鼻竇炎」或「中耳炎」等併發症。

如果在沒有其他併發症的情況下，「發燒」並非感冒的常見症狀，如果感冒症狀中出現發燒，就有可能是常被稱為「喉嚨感冒」的急性咽喉炎、中耳炎、鼻竇炎或支氣管炎等併發症。

Reason. **鼻竇炎**

臉部頭骨的部分存在許多個稱為「鼻竇」的空隙，鼻竇在幼年時期會逐漸發育成熟，使嬰兒時期又圓又光滑的臉蛋漸漸變立體，而在鼻竇部位發炎的症狀就稱為「鼻竇炎」。

病毒有可能會直接侵入鼻竇的黏膜，鼻黏膜浮腫後，鼻竇入口關閉，造成鼻竇內分泌物堆積，之後也有可能引發細菌性的二次感染。伴隨感冒出現的病毒性鼻竇炎，大部分在幾天內就會自動好轉。然而細菌性鼻竇炎不僅會令人非常不舒服，而且通常症狀會持續很久。再加上抗生素治療的反應也不是很好，治療起來並不容易，需要花費較長的時間，因此，許多

人甚至認為鼻竇炎是一種本來就存在的慢性疾病。有許多家長都跟我說：
「我的小孩天生就有鼻竇炎。」

正因為鼻竇炎不僅會使孩子相當難受，嚴重時還會波及到眼窩和頭骨，使得病情變得嚴重。儘管治療起來很困難也很花時間，請務必要耐心地等待治癒。

Reason. 過敏性鼻炎

過敏性鼻炎是慢性發炎疾病，擁有過敏性鼻炎的患者會出現「流鼻涕、鼻塞、鼻子癢及打噴嚏」等症狀，經常伴隨鼻腔內黏膜發炎而導致鼻黏膜充血、有瘙癢感和灼熱感。過敏性鼻炎患者不僅在生活上有許多不便，還會降低學習和工作的效率、妨礙睡眠等等，使生活品質惡化。

過敏性鼻炎的成因非常多元，包含了遺傳與環境等因素，通常會與異位性皮膚炎或氣喘等過敏性疾病一起出現。也就是說，如果在年紀小的時候就患有異位性皮膚炎或氣喘，就更容易有過敏性鼻炎。加上家族遺傳非常關鍵，如果家族遺傳史有過敏性鼻炎，就可能會在較小的年紀發現此症狀。在診斷過敏性鼻炎時，會看患者過去的病例、家族遺傳和檢查（血清中的特異性 IgE 檢查、皮膚過敏試驗、鼻子過敏原檢查、鼻黏膜分泌物抹片檢查）作為診斷根據，但即使沒有檢查，光憑著臨床症狀也可以診斷。而治療過敏性鼻炎最重要的是「管理環境」，想在生活中徹底清除或迴避過敏原不太可能，因此「減敏治療」才是上策。

進行藥物治療時，需要考慮症狀、發病情況及嚴重程度，以選擇最適合的藥物。至於特定季節時會出現的症狀，則要在該季節開始之前先服用預防性的藥物。若症狀持續出現，就無可避免地需要長期治療。用來治療過敏性鼻炎的藥物有口服抗組織胺藥、抗組織胺鼻噴劑、類固醇鼻噴劑、抗白三烯素、解除鼻充血的藥劑等。要謹慎考慮症狀是否持續、是否為重

度、是否伴隨氣喘等，藉此選出最佳的藥物組合，並以最合適的方式使用。

如果對藥物治療沒有顯著效果或者藥物有嚴重的副作用，就可以考慮「免疫治療」。免疫治療是將引起過敏的過敏原以遞增方式注射到體內，誘導免疫耐受（tolerance），藉此減少過敏反應。主要採用皮下注射，但最近也開始使用舌下或口服的免疫療法。

如果過敏性鼻炎伴隨其他鼻腔構造問題出現（鼻甲肥大、鼻中膈彎曲、腺樣體肥厚等），或者出現對藥物治療沒有反應的鼻竇炎等情形，皆可以考慮手術治療。

Q. 當孩子流鼻涕或鼻塞時，在家可以如何緩解呢？

有些爸爸媽媽會用嘴巴或電動吸鼻器等工具來幫孩子吸取鼻黏液，這確實有助於緩解鼻涕和鼻塞症狀。有滿多家長會詢問：「常常吸鼻子也沒關係嗎？」這是沒問題的，吸鼻涕時並不會施予很強的壓力，所以不必太擔心。

另外，用 Physiomer（舒喜滿）和生理食鹽水來清洗鼻子後再吸鼻子，可以稀釋黏液，方便清潔又可以預防黏膜損傷，有助於緩解鼻涕和鼻塞。

> 可能是因為鼻塞難以呼吸，我家小孩的精神狀態總是不好。因為沒辦法每次都帶他去看醫生，所以我就試著提高房間內的溼度。然而，住公寓很難將溼度提高到 50%。經過多次失敗的經驗後，我終於遇到 Physiomer（舒喜滿）洗鼻器，開啟了我的新世界。先噴噴霧或食鹽水後再吸鼻子，操作方便又輕鬆，真心大力推薦！

媽媽前輩 Tip

緩解流鼻涕和鼻塞的藥物

➕ 緩解流鼻水的藥物

通常我們說的就是抗組織胺藥。抗組織胺藥中，含有抗膽鹼的第一代抗組織胺藥對付鼻水最有效。第二代抗組織胺藥的副作用較第一代輕微，但因為沒有抗膽鹼的成分，所以對付一般的鼻水時沒有效果，除非是過敏性鼻炎引發的鼻水才會有效。

第一代的抗組織胺藥主要的副作用是嗜睡，也就是鎮靜作用，雖然這作用在成人身上會成為問題，但對兒童來說不算是大問題。反而有助於受鼻水之苦的孩子入眠，所以鼻水流得很嚴重的孩子使用第一代抗組織胺藥物時無須擔心。所有的藥物只要分析優缺點後，選擇優點更大的即可。

➕ 緩解鼻塞的藥物

一直流鼻水很令人難受，但鼻塞更是讓孩子感到痛苦和不舒服。尤其是必須要喝奶的嬰兒，萬一鼻塞了，在喝奶時會遇到很大的吸吮困難。好好吃、好好睡可說是維持嬰兒健康最重要的因素，如果嬰兒鼻塞已經嚴重到妨礙進食和睡眠，那麼就建議要服藥。

臨床上緩解鼻塞的常用藥物為偽麻黃鹼（pseudoephedrine）。偽麻黃鹼會直接刺激鼻子黏膜的交感神經接受器，透過鼻子黏膜的收縮作用，舒緩鼻子充血的症狀。不過，也可能會發生交感神經興

奮的作用（心悸、高血壓、刺激中樞神經等症狀），盡量只在短時間內服用少量藥物。

　　超過 3 歲的孩童能使用鼻噴劑（西羅美塔柔林 Xylometazoline、羥間唑啉 Oxymetazoline、去氧腎上腺素 Phenylephrine 等），然而我實際的經驗是，噴藥後鼻子能立刻疏通，但時間一久又會再次鼻塞。而且如果長期使用，可能會引發藥物性鼻炎（rhinitis medicamentosa），所以只建議在鼻塞狀況非常不舒服的時候使用一至兩次。另外，常用來對付過敏性鼻炎的類固醇鼻噴劑，也能有效減緩鼻腔內的發炎反應，緩解鼻塞。

Case 6.

孩子肚子痛

　　治療肚子痛的小孩，對小兒科醫生而言是相當棘手的問題之一。小兒科學大師約瑟夫布倫曼（Joseph Brennemann）也說過：「我在 40 年來積累了很多經驗，但是對於治療肚子痛依然沒有把握，比起解決其他症狀更沒有自信。」

　　小兒腹痛的原因中，有些就像想大便時會肚子痛那般的小事，但也有一些是需要動緊急手術的重大情況。特別是像「腸套疊、急性闌尾炎、急性腹膜炎、腸阻塞」等疾病，如果不盡快動手術，可能會危及生命。因此小孩肚子痛時，務必要細心觀察。小孩腹痛可以分為「急性腹痛」和「慢性腹痛」。急性腹痛是指幾天內開始的腹部疼痛，需要立即的診斷和治療。此外，在可以表達意思的兒童身上持續 2 個月出現腹痛且影響正常活動時，就稱為慢性腹痛。

Reason. 急性腹痛──腹膜炎、腸套疊等

　　腹痛主要根據疼痛的部位或種類來診斷疾病。如果小孩可以清楚表達出自己的感受，就可以立即進行腹痛的檢查和治療，但是通常小孩難以準

確說明自己的感覺。因此，如果孩子突然哭鬧得很厲害，務必要確認看看是否為腹痛，如果孩子看起來真的很不舒服，或者家長很難判斷狀況時，就一定要帶小孩去醫院。

急性腹痛的類型與原因	
非常緊急的腹痛 （需要動緊急手術的腹痛）	穿孔性闌尾炎引起的腹膜炎 嚴重的腸套疊 腹部膿瘍、多發性腸穿孔
普通緊急的腹痛 （需要動手術的腹痛）	急性闌尾炎 腸套疊 腸道閉鎖
因腸胃疾病引起的腹痛	病毒性急性腸胃炎 細菌性急性腸胃炎 急性胃炎 急性胰臟炎 急性 A 型肝炎
因胃腸以外的疾病引起的腹痛	病毒性熱性疾病 尿路感染 黴漿菌肺炎 無菌性腦膜炎 尿路結石 過敏性紫斑症
功能性腹痛	功能性腸胃疾病 便秘

Reason. **慢性腹痛**

不少小孩因為經常肚子痛而來到診間，其中有些是無特殊原因的功能

性腹痛，但也有些是必須找出原因進行治療的。若小孩出現以下符合慢性腹痛的警告症狀或徵兆之一就需要精密檢查，請立即帶去醫院看診。

- ☐ 當孩子因腹痛而從睡夢中醒來時。
- ☐ 右上腹部或右下腹部持續疼痛或壓痛。
- ☐ 混合著膽汁，持續或週期性的嘔吐。
- ☐ 原因不明的發燒。
- ☐ 泌尿生殖器症狀。
- ☐ 吞嚥困難。
- ☐ 嚴重腹瀉或在睡眠時腹瀉。
- ☐ 胃腸道出血（吐血或血便）。
- ☐ 貧血。
- ☐ 成長速度減緩或青春期延遲。
- ☐ 具發炎性腸道疾病或消化性潰瘍等慢性胃腸道疾病的家族病史。
- ☐ 脊椎或肛門周圍的壓痛。
- ☐ 黃疸。
- ☐ 不明原因的體重減輕。
- ☐ 肝脾腫大。
- ☐ 局部膨脹或腫塊。
- ☐ 身體檢查出異常或無法解釋原因的狀況。

Reason. 腹痛部位與可能原因

當疼痛部位在上腹部靠近胸口疼痛時，有可能是消化不良或急性闌尾炎初期；若是右下腹部疼痛，則可能為闌尾炎，左下腹部疼痛，有可能是便秘引起。如果整個腹部都很痛，就有可能是腹膜炎、腸炎或腸阻塞等。另外，嚴重咳嗽或嘔吐也會導致腹部疼痛。

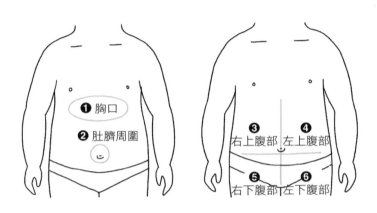

❶ 近上腹部的胸口：消化不良、急性闌尾炎初期、胃炎、十二指腸炎、
　　急性胰臟炎、腸肝膜血管閉鎖症等

❷ 肚臍周圍：功能性腹痛、胃炎、胃潰瘍等

❸ 右上腹部：肝炎、肝淤血、膽囊炎、膽道炎、膽道結石、肝膿腫、
　　肺炎等

❹ 左上腹部：腎盂炎、尿路結石、急性胰臟炎、結腸疾病等

❺ 右下腹部：盲腸疾病、腸套疊、梅克爾憩室、腸繫膜淋巴腺炎、
　　尿路結石等

❻ 左下腹部：大腸炎、腸繫膜淋巴腺炎、尿路結石等

Q. 當小孩肚子痛時，在家裡可以如何緩解呢？

　　小孩如果輕微腹痛，看起來還能忍受時，可以先嘗試看看按摩腹部或熱敷肚子，但當孩子看起來相當痛苦且持續腹痛，就請立即就醫查明腹痛原因。

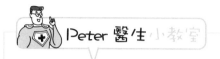

腹痛時該立刻送醫的情況

➕ 當無法表達自我意思的嬰兒出現下列任一症狀時

- ☐ 一直反覆哭鬧時。
- ☐ 肚子漲得圓鼓鼓或者肚皮變硬時。
- ☐ 小孩哭鬧不願吃東西的情況。
- ☐ 本來纏人的小孩突然全身無力只想睡覺時。
- ☐ 持續嘔吐或出現血便的情況。
- ☐ 家長認為小孩的狀態令人擔心時。

➕ 小孩表示自己腹部疼痛且出現下列任一症狀時

- ☐ 腹痛逐漸惡化或者疼痛部位轉移時。
- ☐ 走路會腹痛時。
- ☐ 肚子漲得圓鼓鼓或者肚皮變硬時。
- ☐ 只要碰一下肚子小孩就會疼痛時。
- ☐ 小孩食欲不振或者完全拒絕進食時。
- ☐ 小孩全身無力且總是只想躺著。
- ☐ 持續嘔吐或出現血便的情況。
- ☐ 家長認為小孩的狀態令人擔心時。

孩子嘔吐了

嘔吐是常見於嬰幼兒的症狀。所謂嘔吐是指產生「噁心（nausea）」，也就是想吐的不適感之後，下食道括約肌鬆弛，同時橫膈膜和腹肌引發痙攣性收縮，腹壓和胸廓內壓上升，胃部的內容物跑到嘴巴外的現象。

治療嘔吐時最要緊的是找出原因，再針對該原因進行治療。通常會讓健康的兒童嘔吐的原因就是「病毒性腸胃炎（viral gastroenteritis）」。雖然提到腸胃炎，大家最先想到的通常是腹瀉，其實病毒性腸胃炎的主要症狀會是「先嘔吐後拉肚子」，甚至有滿多時候是不會腹瀉的。

小孩在嘔吐時，別說吃東西了，連喝水也會吐，所以根本很難服藥，常常讓家長和醫生也不得不陷入兩難。因此，為了預防小孩持續嘔吐而脫水只好進行輸液治療，倘若脫水和電解質嚴重不均衡，就得住院治療。

Reason. 出生未滿 1 個月的新生兒嘔吐

此時期最常見的原因是小孩吐奶（spitting up）和吃太多。換句話說，就是把吞下去的奶直接吐出來，或者因為喝太多奶導致嘔吐。此外，小孩出生時將之前吸入的羊水和母體血液吐出，或因腸胃道阻塞或腸胃炎等引起的嘔吐現象也都不少見。罕見的嘔吐原因則有敗血症、腦膜炎、壞死性腸炎、腦出血、先天性代謝異常疾病、腎臟病等。

Reason. 出生 1 個月～12 個月的嬰兒嘔吐

最常見的原因是吃太多或胃腸道發炎，即胃炎或腸炎，還有胃食道逆流、先天性嬰兒肥厚性幽門狹窄、胃腸道阻塞（腸套疊）、尿路感染、全身性感染等。此外，雖然很罕見，但腦壓上升（腦膜炎、腦炎、腦腫瘤）、食物中毒、先天性腎上腺增生症、先天性代謝異常疾病、食物過敏、腎小管酸血症、服用藥物等也會導致嘔吐現象。

Reason. 1 歲～ 10 歲的幼童嘔吐

滿 1 歲以上的兒童常見的嘔吐原因是胃腸道發炎、尿路感染、吃太多等等，嚴重咳嗽或服用藥物也可能會引起嘔吐。此外，雖然很罕見，但腦壓上升（腦膜炎、腦炎、腦腫瘤）、肝炎、雷氏症候群、腸胃道阻塞、胰臟炎、中耳炎、化療、放射線治療、週期性嘔吐、先天性代謝異常疾病等也會引起嘔吐。

Q. 孩子吐的時候，在家裡可以如何緩解呢？

應對嘔吐的狀況時，跟腹痛一樣，最要緊的是查明原因。因此，如果狀況允許就帶孩子去看診吧。回到家後，為了預防脫水，需要頻繁但少量

地讓小孩攝取水分。治療初期小孩可能會將藥吐掉，所以最好分次讓小孩服用緩解嘔吐的藥物。

等到嘔吐狀況緩和到一定程度時，就可以嘗試餵食，漸漸增加一點母乳、奶粉或稀粥皆可。持續嘔吐 2 ～ 3 次以上或者連喝水都會吐的時候，就可能會出現脫水症狀，此時要帶小孩去醫院再次確認。

孩子若有下列情形，有可能是脫水囉！

因急性胃腸道發炎（胃炎或腸炎）而持續嘔吐時，就有可能會出現脫水症狀。此時應考慮輸液治療或者住院。通常當小孩嘔吐很嚴重，或者嘔吐和腹瀉症狀同時出現時的第一個 48 小時內，產生脫水的機會最大。因此如果出現下列任一症狀，就要立即前往醫院。

☐ 小孩看起來無精打采，明顯沒有興致玩樂。
☐ 小便的量和次數減少，或者 6 ～ 8 小時以上都沒有小便。
☐ 小孩在哭，但沒有哭出眼淚。
☐ 小孩看起來眼睛凹陷。
☐ 皮膚很冰冷。
☐ 皮膚失去彈性。
☐ 嘴唇和口腔黏膜乾燥。
☐ 脈搏快速且微弱。

孩子頭痛

如果來看診的小孩說自己頭痛，聽到這句話的我頭也會立刻開始痛起來。頭痛是去醫院看診的小孩最常提到的症狀之一，但造成頭痛的原因從不怎麼嚴重的暫時性頭痛，到嚴重疾病都得考慮進去，病因並非簡單的一兩項。再加上有些小孩還無法清楚表達自己的意思，除了一直哭鬧之外沒有其他徵兆，很難知道他正在頭痛。

其實，因為頭痛而去醫院看診的兒童當中，被發現是先天性原因的機率不到 5%。不過，即便機率小仍可以先細心瞭解頭痛成因，現在我們一起來看看吧。

Reason. 頭痛的種類和可能原因

頭痛大致可分為急性頭痛、急性反覆性頭痛和慢性頭痛。

「急性（acute）頭痛」是指突然出現的頭痛。可能因上呼吸道感染、鼻竇炎、咽炎等誘發，但也有可能是腦膜炎或顱內出血等危險疾病引起的頭痛。為了緩解急性頭痛，最要緊的是治療病因。主要會使用跟一般普通

退燒藥相同成分的乙醯胺酚（Acetaminophen）或布洛芬（Ibuprofen）。而「急性反覆性（acute recurrent）頭痛」是指反覆出現急性頭痛，包括偏頭痛、叢發性頭痛、顳顎關節疾病引發的頭痛等等。

最後，「慢性（chronic）頭痛」是指 3 個月以上的期間裡，每月有 15 天以上反覆出現頭痛的情況。其中，「慢性進行性（chronic progressive）頭痛」是指頭痛持續 3 個月以上並逐漸惡化，是頭痛種類裡情況最不樂觀的一種。這種頭痛有可能是腦腫瘤、腦水腫、腦血管畸形等顱內病變，所以一定要做 CT 或 MRI 等影像檢查。「慢性非進行性（chronic non-progressive）頭痛」是指類似症狀的頭痛反覆出現 3 個月以上的情況，緊張性（心因性）頭痛就屬於此類，也有慢性非進行性頭痛和偏頭痛混合出現的例子。

Q. 當小孩頭痛時，在家裡可以如何緩解呢？

如果頭痛的感覺不強烈，可以先讓小孩吃退燒藥，因為退燒藥也能扮演鎮痛劑的角色。但如果持續頭痛或痛到無法忍受的程度，建議要儘快帶小孩去看醫生。

Peter 醫生 小教室

需要接受醫學影像檢查的頭痛狀況

因感染引起的急性頭痛，只要去除感染等原因就會好轉，但持續頭痛或者出現下列症狀時，就需要透過 CT 或 MRI 等醫學影像檢查來診斷原因。

☐ 神經學檢查出現異常者。

☐ 頭痛發作時出現異常神經學徵兆（麻痺、感覺異常等）時。

☐ 睡覺時因頭痛而醒來，或者一醒來立即就頭痛。

☐ 因咳嗽引發頭痛者。

☐ 頭痛時伴有痙攣（癲癇發作）。

☐ 無偏頭痛家族病史的兒童卻出現偏頭痛時。

☐ 未滿 6 歲的嬰幼兒出現頭痛。

雖然發生在兒童身上的頭痛較不容易評估，但普遍來說，青少年期以前的幼童若出現頭痛症狀，多數源自於其他原因的急性頭痛，例如頭頸部感染、發燒、外傷等等，慢性非進行性的頭痛反而較少見。當幼童出現頭痛時，還是帶去醫院接受完整的檢查較安全。

孩子拉肚子

腹瀉是兒童很常見且相當重要的症狀之一，全世界有 9% 的兒童死亡與腹瀉有關。過去嬰幼兒最常見的腹瀉原因之一是感染輪狀病毒腸炎，隨著預防輪狀病毒腸炎的疫苗開放接種後，腹瀉導致的死亡率與過去相比明顯減少，但腹瀉的頻率減少幅度並不大。

腹瀉是因大便引起過多的水分和電解質流失，通常是指出生未滿 12 個月的嬰幼兒每天大便達每公斤體重 10 克以上（例如，8 公斤重的嬰幼兒，一整天糞便量加起來超過 80 公克，就是腹瀉）；滿 1 歲以上的兒童則是指排出每公斤體重 20 克以上的大便，這是正常大便量的兩倍。但是在一般情況下我們不會去測量大便重量，所以通常以一天達到三次或以上的稀水便作為判斷腹瀉的依據。不過有時候還要參考年紀與飲食的狀況來判斷，例如吃母奶的嬰兒大便次數可達一天五、六次仍屬於正常的範圍，所以需要考慮大便的稀度、份量和次數等來判斷是否腹瀉。

Reason. 未滿 12 個月的嬰兒腹瀉

此時最常見的原因是病毒引起的胃腸道發炎，或因細菌、寄生蟲而引發腹瀉。除此之外，也可能因為吃太多、服用抗生素、全身性感染，或是缺乏乳糖酶、毒性巨結腸症、腎上腺性徵異常綜合症等導致拉肚子。

Reason. 1 歲～ 10 歲的幼童腹瀉

這個階段跟嬰兒時期類似，常見的原因為胃腸道發炎、全身性感染或服用抗生素等，還有，食物中毒引起的腹瀉也頗為常見。另外有一些較少發生的原因，例如攝取毒性物質、溶血尿毒症候群、腸套疊等。

Q. 孩子腹瀉時，在家裡可以如何緩解呢？

如果孩子腹瀉時無法馬上就醫，可以先讓他少量喝點開水或運動飲料，同時服用益生菌。此外，在尚未熟透的香蕉或甜柿子中含有「單寧」的成分，可以吸收大便的水分以緩解腹瀉。腹瀉症狀若持續且狀況嚴重有可能會導致脫水，所以請務必帶孩子就醫。

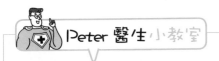

醫生治療腹瀉的方式

如果持續腹瀉，首先應採取的是口服補充液療法。 也就是掌握腹瀉患者的脫水程度和每日所需的水量，儘可能在 4 ～ 6 小時內讓嬰兒攝取液體來進行治療。未滿 6 個月的嬰兒嚴重腹瀉時，如果還同時出現高燒、嘔吐、小便量減少、眼睛凹陷、身體無力等脫水徵兆，或者意識改變、有出血性腹瀉或者有慢性疾病的小孩，都應該要打點滴進行輸液治療。

在進行初期口服（或者靜脈）補充液療法後，建議要對嘔吐或腹瀉進行應對措施，除了避開脂肪含量高的食物或糖分多的食物外，主要要讓小孩正常飲食。許多早期的治療腹瀉方式是採取禁食策略，的確這種做法對於病毒感染引起的滲透性腹瀉（Osmotic diarrhea）在初期有明顯的效果，但對於其他更嚴重的發炎性腹瀉可能效果不佳、甚至延長疾病的恢復時間，因此目前多不建議使用禁食策略來治療腹瀉，而是以低滲透壓且富含電解質的口服補充液（Oral Rehydration Solution, ORS）確實補充水分後儘快恢復少量飲食，選擇適當的食物有助於病況恢復。

腹瀉治療常用的藥物主要是整腸劑和止瀉劑。整腸劑不僅能使腸內菌叢恢復正常，還能減少發炎細胞激素的生成、強化抗發炎細胞激素，有效幫助腹瀉的預防和治療。 腹瀉的量和次數較頻繁時，可以考慮使用止瀉劑，Racecadotril（瀉必寧）可以減少腹瀉次數，滿 2 歲以上的小孩則可以使用 Dioctahedral smectite（舒腹達）。要提醒的是像腸道蠕動抑制劑（loperamide）是細菌性腸炎的禁忌，就算症狀不是細菌性腸炎，通常也不建議使用於治療腹瀉。

孩子嚴重便秘

因為便秘到醫院看診的兒童，大約佔全體兒童患者的 5%，對小孩而言算是常見症狀。便秘是指攝取食物後無法排出大便的狀態，找出便秘背後的原因非常重要。然而，只有 10% 的情況是有病因的，其餘 90% 的便秘大多是沒有特別原因的功能性便秘。

診斷功能性便秘的標準

對 4 歲以上兒童而言，如果下列症狀中符合兩種以上，頻率為每週至少一次，且時間持續一個月以上，則可以診斷為功能性便秘。

- ☐ 每週排便次數二次以下時。
- ☐ 每週出現至少一次的大便失禁。
- ☐ 小孩出現忍住不大便的行為時。
- ☐ 大便硬化或排便時感到肛門疼痛者。
- ☐ 將手指放入肛門裡檢查時，觸摸到大塊的大便。
- ☐ 排便導致馬桶堵塞時。

Reason. 只喝母乳或奶粉的寶寶

因為有些嬰兒一天排便許多次，有些則是幾天才排便一次，所以很難單純透過大小便的頻率來判斷小孩是否便秘。有的時候即使每天排便卻無法排乾淨也必須視為便秘處理，有時雖然一週只排便一次，但孩子可以排得很乾淨、沒有其他不適，即不屬於便秘症狀。

如果孩子看起來很用力卻依然無法排便，可以用乾淨的手指或柔軟的棉棒沾上橄欖油或嬰兒油，輕輕觸摸肛門周圍來輔助小孩排便。不過要提醒，請勿隨意在家裡進行灌腸。假如已經按摩孩子肛門周圍了，還是無法正常排便而開始哭鬧、身體不適，或者連續一週以上都無法排便時，就要帶小孩到小兒科治療。

Reason. 開始吃副食品的嬰幼兒

原本喝母乳或奶粉時排便很順暢的小孩，在開始接觸到副食品之後，很多孩子會出現便秘的狀況。這是因為開始食用偏固態的食物後，沒有補充足夠水分。可以將水果磨碎、搗碎後餵小孩，或在副食品裡加入含有纖維的蔬菜，如果孩子依然無法適當的排便而哭鬧、感到不舒服，就要帶他去看醫生。再次提醒，並不建議隨意在家裡幫小孩進行灌腸喔。

> 我家小孩前陣子出現一週以上沒有排便的情況，醫生建議我輕輕按摩孩子肛門周圍來刺激排便，雖然很需要耐心，比起灌腸卻是有效又安全的方法，推薦給有相同困擾的爸媽。

開始正常吃飯的小孩

　　滿週歲開始吃飯的小孩，若水分攝取不足或者沒有攝取含有足夠纖維的蔬菜水果，就很容易出現便秘；而有的情況則是因為每天喝超過 600 毫升的牛奶所以不太吃飯而導致的便秘。這時候，要先讓小孩多喝水且改變飲食習慣，如果依然無法正常排便且身體不適就要就醫。

正在學習大小便的小孩

　　在孩子戒尿布、練習坐在馬桶排泄的時期，有不少小孩因為排斥而刻意忍住便意，最後就會出現便秘的狀況。有的時候強迫孩子坐在馬桶了，但他們心裡還是覺得要在尿布裡大便所以拒絕上廁所。

　　不論是過早或強硬要求小孩練習坐馬桶，或者太晚教導，甚至放棄讓小孩學習正確的大小便方式，這兩者都會造成孩子錯誤的排便習慣。

　　在兒童便秘中，功能性便秘佔了大多數。功能性便秘是因為養成錯誤的排便習慣才出現的，最常見的就是孩子一直忍住便意使大便在體內變硬，要排便時就會感到疼痛，因此孩子又選擇繼續忍住不排便，如此惡性循環下去。

　　遇到這種情況時，可以在到小兒科就診後服用軟化大便、使排便順暢的糖漿（duphalac-easy syrup® 杜化液），同時很重要的是讓孩子知道不需要忍住排便，並慢慢引導孩子在馬桶上廁所。

Reason. **拒絕在家外面排便的小孩**

　　在原本能夠正常大小便的小孩中，有些會因為無法在家以外的地方排便而引發便秘，這是個人習慣的問題，很難透過說服或教育來糾正。然而，建議還是要讓小孩知道憋大便對身體的害處，無論在什麼場合，只要小孩感覺有便意，就要立刻幫助他排解。最重要的是，應該要從小灌輸正面的想法，排便並非骯髒或羞恥的行為，而是令人舒暢且健康的生理反應。

> 「ILU 按摩」顧名思義就是在孩子的肚子上畫「I、L、U」達到按摩內臟的效果，幫助孩子消化和排解腹痛。畫「I」的時候，用手掌輕輕按壓寶寶的左胸到肚子底部；畫「L」的時候，要像圖示中的方向按壓；畫「U」的時候則要從右邊肚子底部開始倒著畫 U 字。

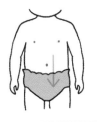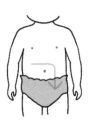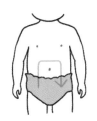

益生菌可以改善便秘嗎？

遇到便秘狀況，很多家長腦中會立刻浮現「益生菌」，但實際上，在兒童便秘的問題中，除非是過敏性腸炎症候群導致的便秘，否則益生菌能發揮的效果有限。因為小孩的便秘問題大多來自錯誤的排便習慣，像是憋大便而產生的功能性便秘，這種狀況就算持續讓小孩食用益生菌對解決便秘的效果不大。讓小孩持續服用益生菌的意義，比起解決便秘，更主要的目的是增加腸內好菌、提高免疫力。

治療兒童便秘最常用的藥物是 **Duphalac-easy Syrup**®，這是滲透性藥物，能增加腸內滲透壓，使水分流入大腸內部、軟化大便。因為人體無法吸收，也不會產生副作用，因此即便長期使用也沒問題。然而如果停藥，便秘有可能會再次復發，因此如果情況允許，會建議持續服藥一段時間，同時讓孩子練習正確的排便模式。除了服藥之外，攝取充足的水分及蔬菜、水果等纖維質也有助於防止便秘復發，並協助小孩養成正確的排便習慣。

孩子耳朵痛

　　感冒併發症中最容易發生的就是中耳炎，同時也是決定讓孩子服用抗生素的常見原因。只要孩子感冒後突然哭鬧、發燒，或者退燒後再次發燒時，就有罹患中耳炎的可能。

　　一半以上的兒童在 3 歲之前會經歷至少一次以上的中耳炎，是極其常見的疾病。尤其是在出生 6 個月到 2 歲之間最容易發生。通常 2 歲以下的嬰幼兒發生中耳炎的原因為：免疫功能尚未成熟、躺著的時間很長等等，但最主要還是跟耳咽管的結構特徵有關。

Reason. 中耳炎的成因

　　人的耳朵由外耳、中耳、內耳組成。耳膜內側的中耳空間，會透過耳咽管與鼻咽（nasopharynx）相連。中耳的黏膜細胞平時會分泌體液，這些體液會透過耳咽管流向鼻咽。

　　但如果耳咽管因為感冒病毒腫脹而堵塞，體液便無法排出，進而堆積在中耳的空間裡。堆積體液的環境本身容易滋生細菌，因此發生二次感

染。也就是說，如果細菌侵入體液並開始增生，就會造成中耳炎。

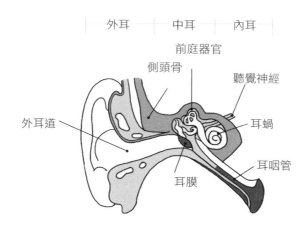

| 外耳 | 中耳 | 內耳 |

前庭器官

側頭骨

聽覺神經

外耳道

耳蝸

耳咽管

耳膜

　　嬰幼兒的耳咽管非常細，且幾乎接近水平。因此，當耳咽管只要稍微腫脹就會導致體液難以順利流向鼻咽而堵塞。然而，隨著年齡增長，耳咽管會逐漸變寬、向下垂直，構造轉變而使得中耳內的體液容易流出，罹患中耳炎的機會逐漸減少。

　　下列幾點是爸爸媽媽最常提出關於中耳炎的疑惑。大家的問題都很相似，所以參考以下的說明，相信多少能夠消除心中疑慮。

Q. 游泳會引發中耳炎嗎？

　　許多家長認為游泳會引發中耳炎或讓中耳炎惡化。但是，即使水進入耳朵，也不會穿破耳膜侵犯到中耳，因此，在耳膜內出現的中耳炎與游泳並沒有直接關聯。也就是說，不會因為游泳時耳朵進水就出現中耳炎。會因為游泳引起的耳內發炎並不是指在耳膜內部出現的中耳炎，而是在耳膜外出現的外耳道炎。

如果在游泳時或者游泳後體溫下降，可能會讓感冒惡化或者罹患新的感冒，導致中耳炎病況惡化。因此游泳後要盡快吹乾頭髮，注意不要著涼。

Q. 罹患中耳炎可以搭飛機嗎？

飛機起降時，由於氣壓突然變化，有時會導致耳膜損傷。最近常常在有飛行經驗的患者耳膜中發現淤血的情況，實際上也存在著「航空性中耳炎」這個病名。在罹患中耳炎的情況下搭飛機時，在起飛和著陸時可能會感到耳朵劇烈疼痛，若想防止中耳炎惡化且減少疼痛，建議在飛機起降時吃一點糖果，因為咀嚼和吞嚥可以讓耳咽管開啟，以達到耳膜內外壓力平衡的作用，或者使用減少氣壓的耳塞藉此減少壓力差。

然而，若有中耳炎或中耳積水的問題時，中耳調節壓力的功能可能會變差，可以考慮服用藥物來改善發炎或積水的問題。因為仍有緩解不適的方法，因此並不太會要求患者不要搭飛機。

Q. 中耳炎一定要用抗生素治療嗎？

中耳炎分成「化膿性（suppurative）」和「非化膿性（nonsuppurative）」兩類。化膿性中耳炎也被稱為「急性中耳炎（acute otitis media，AOM）」，需要進行抗生素治療並且不能自行任意停藥喔。相反地，非化膿性中耳炎是中耳內滲出的液體積累而成的疾病，所以也稱作「滲出性中耳炎（otitis media with effusio, OME）」，使用抗生素來治療效果是有限的。但如果中耳炎持續 3 個月以上，聽力可能會出現問題，因此應該要進行聽力檢查，並考慮進行中耳通氣管植入術。

Q. 只要得過一次中耳炎就會反覆發作嗎？

我們發現，在同為 2 歲以下的孩子中，有些小孩幾乎不會有中耳炎的症狀，但有一部分的孩子則是一感冒就會併發中耳炎，這是因為耳朵構造差異所造成的結果。如果先天耳咽管較細小，就更容易罹患中耳炎，這些反覆感染中耳炎的孩子需要經常使用抗生素，因此家長也十分擔憂其副作用。我想提醒各位爸媽，請遵照專業醫師的建議、使用適當治療方式，因為若沒有及時對症下藥，持續的中耳炎可能會導致聽力出現問題。

隨著小孩逐漸成長，中耳炎的頻率會逐漸降低。我相信未來某一刻，和中耳炎告別的日子就會降臨，在此之前，妥善治療，不需過度操心。

Q. 孩子半夜因為耳朵痛哭，需要送急診嗎？

基本上就中耳炎的情況，即使延遲幾個小時才進行治療也不會發生大問題。如果孩子睡覺到一半突然哭喊耳朵痛，可以先用家裡有常備的消炎止痛藥來舒緩，第二天早上再帶去小兒科看診即可。不論是布洛芬（Ibuprofen）或乙醯胺酚（Acetaminophen）對於中耳炎引起的疼痛皆有良好的舒緩效果。

雖然皮膚出現疹子可以用肉眼直接確認，但要搞清楚病因並不是相當容易的事。有些疹子特徵很明顯，看一眼就可以辨別是什麼疾病引起的，但也有滿多病狀會出現模棱兩可的疹子樣貌，需要仔細觀察。

下列幾項為兒童最常見的疹子：

Reason. 猝發疹（又稱玫瑰疹，exanthem subitum）

猝發疹主要是因感染人類皰疹病毒 6 型（human herpesvirus）引起。小孩發高燒 3 ～ 4 天之後，在退燒的過程中會出現玫瑰紅似的細小斑丘疹（maculopapule）擴散全身。

出疹子之後，大多會退燒、狀態好轉，因此猝發疹的出現並不需要擔心，反而算是讓人安心的症狀。雖然偶爾會出現一些併發症，但大部分的人不會有後遺症。

傳染性紅斑（erythema infectiosum）

傳染性紅斑也是病毒性皮疹，在沒有發燒或其他症狀的情況下，兩頰出現紅暈、身體和四肢出現斑點狀紅斑。當一個看起來很健康的嬰兒臉上突然出現像是被打巴掌的紅臉蛋時，就有感染傳染性紅斑的疑慮。其感染病毒為微小病毒 B19 型（parvovirus B19），病原體大多很微弱，除了疹子以外沒有其他症狀。如果小孩覺得皮膚很癢，可以使用抗組織胺藥，但大多不需要治療、也沒有必要進行隔離。

手足口病（hand-foot-mouth disease，俗稱腸病毒）

手足口病是病毒性皮疹，特徵為手腳出現水泡性疹子、口腔出現水泡性潰瘍。可能會於嬰兒腹股溝部位出現疹子，或者出現廣泛性、全身性的疹子。手足口病是很常見的疾病，在本書後面會更詳細地介紹。（請參考本書第 242 頁）

水痘（chickenpox, 或稱 varicella）

感染水痘時，全身會遍布淚珠狀小水泡的丘疹且嚴重發癢，是一種病毒性皮疹。疹子一開始會出現在頭皮、臉部、身體等部位，然後再向四肢擴散，在 24 ～ 48 小時內化膿，最後結痂。只要沒有二次感染，基本上疹子會消失得一乾二淨，不會留下疤痕。因此，最要緊的是不要出現併發症或者去抓傷口引起二次感染。台灣自 2014 年起已停止通報水痘感染，改成只通報水痘併發症（第四類法定傳染病）或水痘群聚事件。

治療方法是依據水痘症狀來塗抹減少發病的軟膏或者注射抗組織胺藥、退燒藥等。一般來說，患者的年齡越大、症狀會越嚴重，但未接種疫苗且未滿週歲的嬰兒中也有出現嚴重症狀的案例。無併發症的水痘不需要

抗病毒藥物治療，但偶爾還是會出現需要注射抗病毒藥物或住院治療的案例。因此，如果出現疑似水痘的症狀，建議一定要到醫院接受治療。

Reason. 猩紅熱（scarlet fever）

猩紅熱是細菌性皮疹，好犯於 5 ～ 15 歲的較大孩童，由產生熱源性外毒素（pyrogenic exotoxin）的 A 型鏈球菌（group A streptococcus）引發的上呼吸道感染，會引起高燒、嘴巴周圍蒼白、扁桃腺紅腫化膿、草莓舌、和頸部軀幹及四肢發癢的紅色丘疹，持續數天後疹子消退並且出現軀幹、四肢及手掌腳掌脫皮的情形。

猩紅熱對抗生素的反應很好，就算只用抗生素治療一天，傳染力也會下降。但症狀好轉後，由於可能會引發風濕熱、風濕性心臟病等嚴重併發症，所以診斷後必須確實地完成 10 天的抗生素治療，此病與接下來提到的川崎症有幾分類似，但成因、治療及預後有很大的差異，必須請專業的兒科醫師診斷後對症治療才行。

Reason. 川崎症（kawasaki disease）

川崎症目前原因不明，屬於急性全身性血管炎，診斷要件為持續 5 天的發燒加上以下五項要素中的四項：手腳紅腫（疾病後期會出現指端脫皮）、多型性皮膚紅疹、無分泌物的雙側結膜充血、嘴唇乾裂泛紅或草莓舌、頸部淋巴結腫大（1.5 公分以上）。

有時雖然已經發燒持續 5 天以上，但還未符合五項要素中的四項時，可以加上實驗室檢查或心臟超音波檢查來輔助診斷川崎症。診斷後確實使用高劑量免疫球蛋白（IVIG）治療的話，心臟冠狀動脈病灶的併發率就可以從高達 25% 顯著地下降到 5% 以下，但仍然需要使用抗凝血藥物阿斯匹

靈治療至少 6 ～ 8 週或直到心臟病灶改善。

　　由於免疫球蛋白的使用關乎心臟病灶的風險，因此確實的診斷及排除其他疾病就變得非常重要，當孩童不明原因發燒 5 天以上時，切記帶去給專業兒科醫師評估川崎症的可能性。

Reason. 藥物疹（drug eruption）

　　藥物疹也是過敏的一種，型態多變而且嚴重度不一，從紅斑、水泡、點狀出血到表皮脫落的病變，呈現多種形態的皮膚疹，皮疹通常會呈現左右對稱、全身嚴重疼痛，滿多時候會同時出現浮腫和發癢症狀。發生藥物疹後的重點在如何避免再次發生，儘管注射的藥物和皮疹之間的因果關係固然重要，但針對藥物種類和劑量、注射方法及時間、發生過的病歷、起疹子的時間等進行徹底的調查也很重要。

Reason. 汗疹（miliaria）

　　汗疹俗稱「痱子」，常見病因為汗腺被堵住，依據堵塞的位置不同，汗疹的長相也會有所不同。如果汗腺在角質層被堵塞，就會出現小顆透明的水泡樣晶形汗疹；若是表皮層的汗腺被堵塞，則會出現有搔癢、刺痛感的紅斑型汗疹。不過，只要營造出減少汗水分泌的涼爽環境，通常就能治好汗疹。

Reason. 膿痂疹

　　膿痂疹是細菌引起的皮膚感染，一開始出現紅斑，隨後在紅斑上長出水泡後破裂。水泡破裂會流出黃色的膿水，乾涸凝結成黃色的痂。大多會蔓延到其他部位導致長時間的發病，也很容易復發。 如果情況不嚴重，

只要透過局部的抗生素藥膏就能治療，但假如發病時間過久或出現擴散趨勢，就要同步使用全身性抗生素才行。

Reason. 蟲咬症（丘疹性凸起）

被蚊子、跳蚤、床蝨叮咬而產生的丘疹性凸起，有時會與其他種類的皮疹搞混。被昆蟲叮咬引起的局部皮膚反應，初期會以凸起形態出現，在發病的過程中，則會出現丘疹、水泡、紅斑等症狀。根據昆蟲的種類不同，有時還會出現過敏性休克那樣的全身性反應。

最常出現的就是蚊子叮咬的傷口，主要集中在皮膚露出的部位。被蚊子叮咬的傷口可大可小，按照每個人的體質會有不同狀況，有些人會嚴重腫脹，有些人則會長出水泡，有些人因為搔癢而抓傷口時，還可能會導致二次感染、引發蜂窩性組織炎等嚴重症狀。有的時候，蚊子的咬痕維持的比想像中久，甚至因為停留數週以上而出現黑色素病灶。

Chapter
3

幼兒保健 Q&A——
告別憂心育兒的
全指南！

　　老實說，在讀醫學系時，我不是一個很努力的學生。我並沒有將龐大的教科書一一精讀，而是專挑考題會出的重點研讀。但幸運的我，沒有留級，順利從醫學院畢業了。

　　當時我曾經想過，如果有一本祕笈般的育兒書，能幫助我度過醫學院繁複的課業，讓我順利畢業就好了。我想像的並不是像百科全書那樣厚重、內容龐雜、令人有負擔的書，而是只寫出必要的資訊、淺顯易懂的育兒指南。除此之外，我想像的也不是會在書裡嚴肅斥責家長、命令爸媽改變行為的老掉牙，我想寫的是所有養育小孩的人看了都會有共鳴、能夠一起找到理想的方向，一本親切而且溫暖的育兒祕笈。

所以，這個章節我以小兒科專科醫生的問診經歷，還有親身養育女兒的經驗為基礎，寫下了各式各樣爸媽們最常煩惱的問題與應對方法。我並沒有按照主題分類整理，而是以具體問題開頭並給予明確答覆的 Q&A 形式構成。這樣的設計是為了盡量減少爸媽在查找答案時的阻礙，希望能及時幫助大家解惑。

　　其中包括了關於如何正確放心使用抗生素、類固醇軟膏、退燒藥、預防接種等在診間我最常回答的問題。總而言之，希望本章節能夠對不分晝夜陷入育兒戰爭的家長，提供實質的幫助，真正成為各位的育兒「祕笈」！

Q. 不用抗生素比較好嗎？

　　在我多年的看診經驗中遇過許多家長，我發現大家對於「抗生素」有非常兩極的觀點。雖然大多數的家長會好好聽從醫生所下的處方指示，但仍然有些爸媽會跟我持相反意見，像是無條件要求使用抗生素，或者堅決不用抗生素。

【情境一】

Peter 醫生：雖然有點發燒，但其他症狀不嚴重，不需要特別使用抗
　　　　　　生素。
家長 A：我家孩子不用抗生素不太容易復原耶！能不能直接開抗生素
　　　　呢？

【情境二】

Peter 醫生：他咳嗽有痰，可能是支氣管炎引起的，這次的藥會加開
　　　　　　抗生素。
家長 B：（表情凝重）我絕對不會讓我們的小孩服用抗生素！

面對家長 A，某種程度還有說服他妥協的空間，通常我說明抗生素濫用的問題後有些家長會接受我的方式。不過，有些人可能等我說出：「我可以先開抗生素處方*，但請先觀察孩子一兩天，如果病情變嚴重再吃喔！」之後才會心安。當然，我也願意釋出這種程度的妥協。

但是，面對執意拒絕抗生素治療的家長 B，就真的無解了。當孩子病況不嚴重而拒用抗生素是沒關係，但如果明明已經感染了必須使用抗生素治療的化膿性中耳炎、鼻竇炎，或者更嚴重的疾病，卻拒絕使用抗生素，真的會讓醫生相當難為。

我們想想，如果「堅決」不給小孩服用抗生素的話，會發生什麼狀況呢？只要回到尚未發明抗生素的時代，這問題的答案就很清楚。在青黴素類抗生素尚未普及的 20 世紀初，即便只是刺傷或狗咬傷等輕微傷口，當時的人們也容易因細菌擴散全身而死亡；而現在已經不算重大疾病的猩紅熱，也仍有不少兒童因此離世。此外，如今不被當成絕症的肺炎，也在那個時候將無數小孩逼近了死亡邊緣。

我還聽說許多家長會依照小兒科開抗生素處方的比例來評論其診療品質，但這絕對是個錯誤的判斷標準。因為並非無條件使用抗生素，就是優良的小兒科醫師，只有適當的時機使用抗生素，才是最好的選擇。

「只有需要時才使用，非必要絕不使用抗生素！」這是我身為醫生的信念，也是絕大多數小兒科醫生所追求的方向。因此，我在此誠心的希望大家能在醫生決定開立抗生素處方時，可以減少一點質疑，多一點信賴和耐心，建立好的醫病關係對三方才會有最理想的結果。

---

*註：在台灣，幾乎大家都享有全民健保的情況下，如果因為擔心而預先開藥容易造成醫療資源浪費。因為台灣就醫非常方便，如果病況改變就立即就醫請醫師調整藥物即可，多數的醫師不會拒絕（除非處方的是高單價的藥品，重複開立可能會被健保核刪）。因此並不建議為了病況可能有變化而「預防性」地拿取不必要的藥物。

Q. 醫生決定使用抗生素的標準？

是否要使用抗生素來治療，這是負責診斷醫生該決定的問題。但為了減輕父母們的疑慮與不安，我想告訴各位使用抗生素的基準。如果醫生開了抗生素處方，肯定是因為小孩有符合下列的病狀之一，不需要再費心擔憂，讓孩子服用抗生素吧！

❶ 單純的病毒性感冒不需要服用抗生素。（孩子可能同時伴隨著鼻涕、咳嗽、眼屎或發燒等不適症狀，但 3 ～ 4 天後症狀會減輕，並在一週內好轉。）

❷ 抗生素一般用來治療病毒性感冒的「併發症」，例如支氣管炎、肺炎、中耳炎、鼻竇炎、淋巴腺炎等。

❸ 雖然細菌性咽喉炎、扁桃腺發炎或猩紅熱等疾病的症狀與病毒性感冒類似，但如果感染了細菌性疾病，從初期開始就需要進行抗生素治療。

❹ 尿路感染、疑似細菌性的胃腸道感染、皮膚感染（膿痂瘡、蜂窩性組織炎等）、傷口（燒傷、被動物或人咬傷、外傷、手術後）等也需要抗生素治療。

Q. 細菌和病毒有什麼不同呢？

感染性疾病佔了兒童疾病相當大的比例，為了能正確瞭解感染性疾病，首先要瞭解病原體。感染健康兒童的病原體中，大多是細菌和病毒。除了這兩種病原體以外，真菌（黴菌）和寄生蟲是較少見的病原體，因此暫不討論。如果爸爸媽媽能瞭解細菌和病毒的差異，就可以判斷什麼時候該帶生病的小孩去看醫生，以及何時要使用抗生素治療等。

如果說細菌是生物，那麼病毒就是介於生物和無生物之間的存在。細菌可以自行生存和繁殖，病毒則必須寄生在動物、植物、細菌等活著的細胞上。

抗生素會攻擊細菌的特定部位，但病毒並不具備相同的條件。因此，雖然抗生素可以對細菌發揮效果，但對病毒卻起不了任何作用，這也是不能隨便讓感冒的小孩吃抗生素的原因。只有在必要時，也就是疑似罹患了細菌性疾病時才會使用抗生素。

更具體而言，只有用來治療細菌感染的藥物才被稱為「抗生素（antibiotics）」。治療病毒的藥稱為「抗病毒藥物（antiviral agent）」，治療真菌的藥則稱為「抗真菌藥物（antifungal agent）」。

「我家孩子一吃抗生素就拉肚子耶！」有的時候，我會在診間聽到這樣反應的家長。而這些爸爸媽媽因為有過孩子吃抗生素後腹瀉的負面經驗，往後就很抗拒讓孩子進行抗生素治療。

儘管抗生素的確有可能會改變體內腸道菌群（intestinal microbiota），但必須建立一個重要觀念是，必要時即便引起腹瀉了，也需要忍耐拉肚子的不舒服完成抗生素的療程。

其實體內曾因某種抗生素引起腹瀉，並不代表「所有抗生素」都會讓小孩拉肚子。最常引發兒童腹瀉的抗生素就是阿莫西林／克拉維酸（amoxicillin-clavulanate）。該藥是在治療急性中耳炎或急性支氣管炎時第一優先的抗生素選擇。服用抗生素後出現腹瀉時，只要同時服用益生菌製整腸劑，或者按醫生指示更換、停用抗生素，大多都會好轉。如果抗生素停藥後，腹瀉狀況依然持續，為了避免惡化成嚴重的「偽膜性腸炎（pseudomembranous colitis）」，需要再就醫檢查。

＊ 註：阿莫西林／克拉維酸（amoxicillin-clavulanate，安滅菌／諾快寧）在臨床上的確是常用的抗生素藥物，因為其抗菌範圍廣、針對常見的呼吸道細菌感染都有不錯的效果，但是否當作第一線抗生素使用則端看每個地區的細菌抗藥性程度、疾病類別以及用藥習慣而有所不同。

Q. 該冷藏保管的抗生素不小心放置室溫了，還能用嗎？

其實，每一種藥物的存放條件不一，並不是所有抗生素都需要冷藏保存，只要依照藥品仿單上的存放指示保存，或者領藥時跟藥師確認存放條件即可。

大多數的抗生素糖漿如果誤置於室溫下超過半天就可能會變質，因此，日常使用後務必要栓緊蓋子冷藏，若不小心放置室溫超過 3 小時以上，會建議重新領藥比較保險。此外，我發現有些家長會刻意保留沒使用完的抗生素糖漿，心裡想著下次孩子若出現類似症狀的話，就有緊急備藥可以使用，在這裡我想要提醒各位，即使好好地冷藏保存抗生素糖漿，其有效期間也不長，所以請依照醫生建議服用就好，若有剩餘的藥請直接丟棄，避免誤食過期及變質藥物。

另外，若孩子在服用抗生素期間家中有長期外出的規劃，可以先向小兒科醫生諮詢看看是否有替代的抗生素藥粉。

　　抗藥性細菌的出現是因為細菌突變，有些細菌在突變的過程中得到了對抗抗生素的能力。如果有其他細菌一起競爭時，抗藥性細菌並不突出，但當抗生素被濫用時，例如不需要抗生素的疾病卻開立抗生素，那麼其他細菌被殺死了，體內的抗藥性細菌卻能倖存，經過一段時間後，環境中的抗藥性細菌因為抗生素濫用被「人擇」而越來越壯大，導致其他細菌沒辦法抗衡它，那麼就會出現容易感染抗藥性細菌的情況了。為了避免這樣的情況，建議按照以下指示服用抗生素。

【避免抗生素的抗藥性】

❶ 按照醫生的處方服用抗生素。

❷ 服用抗生素的期間，要遵守服用時間和藥量。

❸ 不因症狀好轉就隨意停用抗生素，務必遵從醫生的指示。

❹ 如果在服用抗生素時到其它醫院看診，一定要將之前服用過的藥物資訊（藥袋或處方）告知新的醫生。

❺ 請勿任意服用之前吃剩的抗生素。

Q. 已經用了抗生素卻還持續發燒，怎麼辦？

發燒可分為由細菌性感染引起的發燒，以及由病毒引起的發燒。

若是細菌性感染而引起的發燒，使用抗生素治療是較為有效的方法。不過，服用抗生素後並不等於孩子就能退燒，有時也會因為孩子體內嚴重發炎症狀而持續發燒，因此醫師會建議在給予抗生素後觀察 48 ～ 72 小時，若發燒情況未減，則考慮更換抗生素。

若是由病毒引起的發燒，則必須耐心等待一段時間退燒。這時，有些家長可能會誤以為「是不是這個醫師開的藥沒有效果」，於是更換診所。然而不斷地更換藥物或醫院對孩子的病情沒有幫助，最理想的情況是，家長能夠按照主治醫生的治療計劃、好好照顧孩子的狀態，至於要選擇哪一種抗生素或者更換抗生素等治療計劃，請相信孩子的醫師吧，良好的醫病關係，受惠的其實是病患。

比起在乎小孩發燒的時間長短，更重要的是小孩的身體狀況。我們會有 3 天的觀察期，當小孩發燒不超過 3 天，且胃口依然很好、很會玩，是可以暫不就醫的，因為發燒可能會在 3 天內退下來。然而，如果小孩胃口不好又沒有活力，就算只是輕微發燒，也要考慮幫小孩安排精密檢查和住院治療，一般來說，如果是病毒引起的發燒，超過 5 天以上就建議立刻帶孩子到醫院治療與檢查。

在台灣，類固醇藥膏因其強烈的抗發炎、抗過敏效果而被稱為「美國仙丹」，但長期使用卻會引發嚴重的副作用，所以相對的也被稱為「惡魔之藥」。在小兒科領域，類固醇廣泛被用於過敏性疾病、自體免疫性疾病、發炎性腸道疾病等方面。其中最常使用的就是局部皮質類固醇，也就是類固醇藥膏。

類固醇藥膏不僅可用於治療異位性皮膚炎，也能一併解決多種皮膚疾病。不過，即便類固醇藥膏看似是個讓人感激的存在，同時也是個引發各種副作用、令人擔憂的 Trouble Maker。因此，爸爸媽媽對於類固醇藥膏的看法不是極好就是極差，有的家長一發現輕微的狀況就馬上找出類固醇藥膏塗抹，有的家長則是在非常必要的狀況下也不願意使用。

會建議讓兒童使用類固醇藥膏的狀況，多為孩子出現異位性皮膚炎和尿布疹的時候，尤其治療異位性皮膚炎的基本方法就是局部塗抹類固醇藥膏，因為短期使用的副作用機率相對較少，爸媽不用太過擔心。但如果小孩患有反覆復發、惡化的嚴重異位性皮膚炎，無法避免長期使用類固醇藥膏，這個時候才要擔心副作用的影響。

即便擔心副作用，我相信眼睜睜看著孩子軟嫩的皮膚逐漸惡化，爸爸媽媽心裡肯定十分焦急，所以當孩子症狀很嚴重、很難受時，為了孩子也為了自己的精神健康，選擇使用類固醇藥膏這才是明智的選擇。

在使用類固醇藥膏之前，需先向專業醫生諮詢確認。只要使用前仔細選擇適合的等級，遵守正確的使用方法和使用期限，妥善使用就不需擔心產生不良影響。

➕ 擦身體的藥膏可以塗在臉上嗎？

因為臉部肌膚比身體的皮膚更薄弱、吸收力更佳，因此不建議使用藥效太強的藥膏，假如身體和臉部要使用同一種藥膏，只能選擇強度最低的，但如此一來身體皮膚狀況的改善效果可能會變得不明顯。

所以，我建議臉部用的與身體用的藥膏要分開，針對不同的皮膚問題與部位做適性挑選。

Q. 長期使用類固醇藥膏會有問題嗎？

這是家長很常擔憂的問題，但其實醫生總是難以給出明確答案。

有些孩子的狀況輕微，只要使用 1 ～ 2 次就會明顯好轉，但有嚴重異位性皮膚炎的孩子，則不可避免地需要塗抹長達好幾年的時間。雖然長期使用低強度的類固醇藥膏不太會引起嚴重問題，但仍需要盡量在有效範圍、最短時間內使用，才是最保險的做法。若是患有必須長期塗抹類固醇藥膏的異位性皮膚炎，可以考慮用非類固醇局部免疫調節藥膏（Protopic®、Elidel®）替換，來降低副作用風險。

老實說，選擇哪種等級的類固醇藥膏，以及可以使用多長時間，是醫生該考慮的問題。我想表達的是，只要建立起互相信賴的醫病關係，診療期間進行充分的討論且合宜地使用就不會有什麼狀況發生，希望大家不要過於擔心。

Q. 類固醇藥膏有什麼副作用呢？

　　滿多人莫名地對類固醇有恐懼感，卻並不了解實際會產生的影響是什麼。前面有提到，其實若是短期內使用適當強度的類固醇藥膏，幾乎不會有副作用。比較擔心的是使用高強度，或是長期使用時產生的副作用，這部分可以跟醫生確認處方，使用最適合自己孩子的類固醇藥膏。以下簡單說明類固醇的常見副作用。

　　局部副作用：可能會使皮膚變薄，血管看起來特別明顯。另外，雖然機率不大，但塗抹於眼部周圍時有可能會引起白內障、青光眼。

　　全身副作用：一旦「下視丘－垂體－腎上腺軸（hypothalamic pituitary adrenal axis）」被抑制，可能會出現荷爾蒙失調。若長期使用的為全身性類固醇，可能會因荷爾蒙失調，引起醫源性庫欣氏症候群（cushing 's syndrome），但此疾病少見於使用局部性類固醇藥品，若是塗抹的為局部性類固醇可不必太擔心此症狀。

　　類固醇藥膏根據收縮血管的能力分為 6 個等級。數字越低，等級越高；等級越高，強度越強。此外，存在不同劑型，分為軟膏、乳膏、洗劑、凝膠。醫師會根據強度、劑型、患部及患者年齡等評估後開立適合的處方。而不同的醫療院所，也各自備有常用的藥膏種類，舉例如下。

分級	成分	商品名稱
1 超強效	Clobetasol propionate 0.05%	克立舒乳膏
		可立舒軟膏
		可易適泡沫液
		柔倍絲藥用頭皮洗劑
2 強效	Fluocinonide 0.05%	妥膚淨親水軟膏
		妥膚淨軟膏
		妥膚淨洗劑
3 中強效	Desoximetasone 0.25%	優爽乳膏
	Betamethasone dipropionate 0.05%	甘德松親水性軟膏（複方）
4 中效	Mometasone furoate 0.1%	頓安膚乳膏
	Triamcinolone 0.1%	美康乳膏（複方）
5 中弱效	Fluticasone 0.05%	全佳膚乳膏
	Betamethasone valerate 0.1%	杏貝他健乳膏（複方）
6 弱效	Hydrocortisone acetate 1%	杏化潤柔滋霜（複方）

資料來源：彰濱秀傳紀念醫院藥劑科

Q. 小孩一發燒就要吃退燒藥嗎？

當小孩全身燙燙的，一量體溫超過 38℃的數字時，爸爸媽媽便陷入要立刻帶孩子去醫院，還是先吃退燒藥看看的兩難。假如先餵了退燒藥，但過了一兩個小時後體溫卻高燒不退，爸爸媽媽肯定會擔心到不行，一邊想著「要再多吃一次藥嗎？」，一邊煩惱會不會吃過量。

在健康兒童身上突發的急性發燒大多是感染所致，可以將「發燒」視為一種「身體對於外部侵入的病毒或細菌產生的免疫反應」，也就是說，發燒是對感染的適應現象，只在特殊情況下才需要治療。雖然這麼說，但發燒對大部分的孩子而言都相當難耐，因此才會用退燒藥來減輕不適感，換句話說，服用退燒藥的目的並非單純為了退燒，而是為了減輕小孩因發燒產生的不舒服。

如果是健康的兒童，發燒溫度低於 39℃以下且沒有身體不適，並不一定要讓他吃退燒藥。然而，如果高燒到 39℃以上，或者體溫已超過 38℃且非常難受時，就要考慮服用退燒藥了，尤其在小孩本身有熱性痙攣的病史或有特殊疾病（慢性心肺疾病、代謝性疾病、神經系統疾病等）的前提下，就更無法避免使用退燒藥。

Q. 吃了退燒藥也沒有退燒，該怎麼辦？

當小孩吃了退燒藥，體溫卻依然超過 38℃，爸爸媽媽不安的恐懼便會逐步加深吧。但如前面所述，使用退燒藥的首要目的是「緩解不適」。因此，即使體溫尚未消退到正常溫度，只要孩子沒有感到很不舒服，就無需太擔心。萬一小孩仍然難受，而且體溫持續超過 39℃，這時候可以考慮交叉服用其他退燒藥。

➕ 關於交叉服用退燒藥

有些專家建議不要與其他退燒藥交叉服用，但如果持續高燒不退，就不得不考慮這個方法。就我的經驗而言，如果小孩持續發高燒，可以將布洛芬（Ibuprofen）搭配其他退燒藥一天服用 3 次，但如果還是持續發燒在 38℃以上，可以再增加乙醯胺酚（acetaminophen）最少間隔 4 小時來服用，這方法滿有效的，提供各位參考。

雖然交叉使用退燒藥物是臨床上常用的做法，但間隔時間與劑量都要拿捏好，因此建議還是在醫師處方下使用較為安全。

Q. 深夜發高燒要送急診吧？

此刻最需要考量的其實是小孩的身體狀況。即使發高燒了，如果孩子的狀態看起來並不差，就沒有必要大半夜慌慌張張地去急診室，可以先吃退燒藥後讓孩子睡一覺，第二天早上再帶去小兒科看診就可以。但如果小孩發高燒時，看起來極度不舒服，就務必要送急診室檢查發燒的病因，迅速地給予治療。

這部分也可以參考前面第 87 頁由台灣兒科醫學會提出的評估條件，作為是否立即前往急診的參考。

➕ 高燒嚴重時，會造成腦部損傷嗎？

這裡要澄清一個大眾常見的誤解，認為發燒燒過頭會燒壞大腦、造成損傷，實際上人體的體溫中樞會控制體溫的恆定，大多數的情況下體溫不會超過 42℃，更不會直接對腦部造成損害，而「燒壞腦子」這樣的誤解是來自於某些腦部的感染（如腦炎、腦膜炎等）引起的高燒，即使燒退了也會留下腦部感染的後遺症，因此產生了發燒燒壞腦子的錯覺，實際上是由於腦部感染造成腦部損壞的，發燒只是一個症狀罷了。

不過，有兩個狀況的發燒會影響到腦部。一是因熱性痙攣而出現癲癇重積狀態（status epilepticus），可能造成腦部過度放電及缺氧，而引起腦傷（可參考第 89 頁）；另一則為熱衰竭引起全身性異常高溫，造成腦部等任意器官的損壞。

Q. 想知道不同退燒藥的使用方式！

兒童常用退燒藥的兩大支柱是乙醯胺酚（Acetaminophen）和布洛芬（Ibuprofen）。通常將孩子的體重除以 3，就可以得出每回最低服用量。

❶ 乙醯胺酚（Acetaminophen）：**Tylenol®、Setopen®、Champ® 等**

每一次的用藥量為 10 ～ 15mg/kg，最少間隔 4 個小時。根據藥典規定，隨著體重的不同，成人最多可以服用到 20cc，但小孩體重為 30 公斤以上時，通常就統一服用 10cc。不過，乙醯胺酚有不同的劑型濃度，使用時須留意正確用量。例如，在台灣常用的乙醯胺酚（Acetaminophen）的水劑劑量為 24mg/ml，利用上述的體重除以 3 計算，每次的用藥量約略為 8mg/kg，屬於安全劑量但退燒效果可能會稍差。為避免算錯劑量，建議不要自行購買藥物，而是聽從專業兒科醫師建議的劑量使用。

❷ 布洛芬（Ibuprofen）：**Brufen®、Ibususpen®、Champibufen®、BR Ibufen® 等**

出生 6 個月後可以開始服用 5 ～ 10mg/kg 的用藥量，最少間隔 8 個小時，孩子體重若為 30 公斤以上，就統一服用 10cc。若服用的是最小的藥量，用藥的間隔時間最少間隔 4 小時也無妨，但若服用的是乙醯胺酚（acetaminophen），由於作用時間較長，用藥間隔應儘量保持間隔 8 小時。台灣常用的布洛芬（Ibuprofen）的水劑劑量為 20mg/ml，利用上述的體重除以 3 計算每次用藥量約略為 6.67mg/kg，屬於安全劑量但退燒效果可能會稍差，為避免算錯劑量，建議不要自行購買藥物，而是聽從專業兒科醫師建議的劑量使用。

❸ 地西布洛芬（Dexibuprofen，台灣目前沒有上市）：

Maxibupen®、BR Dexifen®、Cokidsfen®、Anyfen® 等

嬰兒出生 6 個月後可開始服用 5 ～ 7mg/kg 的用藥量，用藥間隔 4 ～ 6 小時，只有需要時才可服用。但是當日最多不可服用超過 4 次。體重超過 30 公斤以上時，統一服用 12cc 即可。

Q. 想知道各種常見藥品的有效期限！

如果您經常帶著孩子去小兒科報到，那麼在家中瞄一眼應該會看見許多剩餘的藥袋吧。「在服用藥物時，建議還是要讓醫生重新開處方……」這句話如果再講下去就變成嘮叨了，事實上大家也都知道，但因為經常會有無法立刻去就診的情況，這時候如果家中有上次留下來的藥可以吃，就會覺得安心許多。老實說，其實身為醫生的我也常常在找先前留存的藥。

那麼剩下的藥到底能不能吃呢？請先以下列基準確認各種藥物的有效期限，如果過了有效期限，請毫不猶豫地全部拿到藥局回收喔。

藥水

未開封的藥水：開封前可使用到有效期限，開封後僅能使用 1 個月。

分裝的藥水：可保存 2 週至 4 週。

摻入粉末的藥水：調製完成可使用 14 天。但若含有抗生素則必須要在醫生建議的期限服用完，使用後不可保留，需直接廢棄處理。

藥粉

藥丸磨成藥粉後可以使用 1 個月。

外用藥（藥膏、眼藥水）

未開封的軟膏：開封前可使用至保存期限，開封後則可使用 6 個月。

分裝的軟膏：可保存 1 個月。

眼藥水、眼藥膏：殺菌類的產品，開封前只能使用到保存期限，開封後只能使用 1 個月。

拋棄式眼藥水：僅能使用一次，必須立即廢棄處理。

鼻腔噴霧劑：鼻腔清潔器、洗鼻器使用期限為 6 個月，保存時噴嘴必須拆下來分開放。但若是不含保存劑的鼻腔噴霧劑，一般建議的使用期限為 3 個月。

Q. 一定要做預防接種嗎？

疫苗和抗生素一樣，是人類史上最偉大的醫學發明之一。正是因為疫苗的出現，才能讓奪走上百萬人命的天花從地球上消失，除此之外，大部分有疫苗接種的疾病，都比起接種前大幅減少許多。可惜的是，有些人仍然毫無理由地排斥接種疫苗。無論如何，透過疫苗預防疾病是十分有效的方法，尤其跟治療需要的花費比起來，毋庸置疑接種疫苗得到的效果非常優異。

每當被問到是否一定要接種疫苗時，我都想這樣反問對方——「究竟是什麼理由讓您不想接種疫苗呢？」

藉由疫苗接種的普及化，致命的感染性疾病正逐漸減少，這是全民保健中最閃閃發光的成功案例。然而，人們逐漸遺忘那些疫苗試圖打擊的疾病有多麼可怕，當成功研發出的疫苗保護我們遠離恐怖的疾病，卻同時成為人們害怕的對象，這是相當令人惋惜的情況。

當然，我知道疫苗並非百分之百地安全。當接種的人數眾多，肯定多少會有人對疫苗產生副作用，或者出現無法預測的異常反應。但可以肯定的是，目前醫學界建議大眾接種的所有疫苗，帶給人類的益處絕對大於危險。而且大部分規定要接種的疫苗都會由國家公費提供，沒有理由因為毫無來由的排斥感而放棄這種超棒的好康吧？

➕ 接種疫苗會降低免疫力嗎？

疫苗其實是使用被處理過的、減活性的病原體來研發，我們將病原體的一部分植入我們的身體，藉由這些方式讓人體免疫系統知道，如果再次接觸到相同病菌時就要快速產生抗體或免疫反應，因此不至於發病。絕對不會因為注射疫苗導致免疫力下降，不用擔心喔！

　　預防接種後，可能會出現正常的免疫反應而導致發燒。通常會引發發燒的疫苗有肺炎鏈球菌、DPT（三合一疫苗，目前台灣已經很少接種，改成接種五合一疫苗）、MMR（麻疹腮腺炎德國麻疹混合疫苗）、流感、腦脊髓膜炎疫苗（非台灣常規疫苗，但可於旅遊門診接種）等。通常在1～2天內就會自動退燒，如果小孩感到很不舒服，只要讓小孩服用退燒藥即可。不過，如果小孩發燒持續兩天以上，就有可能是其他原因引起發燒，請盡速至醫院看診。

Q. 一次接種多個疫苗也沒關係嗎？

我們身體的免疫系統具有卓越的多工處理能力，因此，即使一次接種多種疫苗也可以很安全且有效地工作。其實從很久以前就有用過「白喉破傷風百日咳混合疫苗」，最近甚至出現「流感嗜血桿菌疫苗」，結合了 5 種疫苗的五合一疫苗也相當普及了。此外，國外還在五合一疫苗裡再混合 B 型肝炎的疫苗，形成六合一疫苗。目前五合一疫苗在台灣已經是常規接種疫苗，民眾也可依照需求自費施打六合一疫苗。

除了同時注射多種疫苗，也可以注射合併成一劑的混合疫苗，混合疫苗只需要注射一次即可。舉例來說，嬰兒出生 2 個月後接種疫苗時，若要接種五合一的混合疫苗，以及肺炎鏈球菌疫苗和輪狀病毒疫苗，總共 7 種疫苗，只要挨個兩針，再加上食用口服輪狀病毒疫苗，就可以一口氣完成疫苗接種。

老實說，自從引進混合疫苗後，醫院的接種收入明顯減少。因為本來可以分項收費，但現在變成只收取一個混合疫苗的費用。因此，在韓國引進混合疫苗時，醫生之間曾出現反對的聲浪。但站在父母的立場，使用混合疫苗就可以大幅減少孩子換針的次數，這豈不是一件令人非常高興的事嗎？當我將角色換位成親自幫自己小孩接種疫苗的父母親時，我就開始想盡辦法減少打針次數，以免孩子常常要崩潰大哭。既然有了能讓小孩少受一點苦的技術性進步，就算收入會減少一些，我們當然是十分樂見。

⊕ 兒童預防接種一覽表

接種年齡	疫苗種類	
出生 24 小時內	B 型肝炎免疫球蛋白	一劑
出生 24 小時內	B 型肝炎疫苗	第一劑
出生滿 1 個月	B 型肝炎疫苗	第二劑
出生滿 2 個月	白喉、破傷風非細胞性百日咳、b 型嗜血桿菌及不活化小兒麻痺五合一疫苗	第一劑
	13 價結合型肺炎鏈球菌疫苗	
出生滿 4 個月	白喉、破傷風非細胞性百日咳、b 型嗜血桿菌及不活化小兒麻痺五合一疫苗	第二劑
	13 價結合型肺炎鏈球菌疫苗	
出生滿 5 個月	卡介苗	一劑
出生滿 6 個月	B 型肝炎疫苗	第三劑
	白喉、破傷風非細胞性百日咳、b 型嗜血桿菌及不活化小兒麻痺五合一疫苗	
出生滿 6 個月～12 個月	流感疫苗（每年 10 月起接種）	第一劑
	流感疫苗（初次接種需接種第二劑）	第二劑（隔四週）之後每年一劑
出生滿 12 個月	麻疹腮腺炎德國麻疹混合疫苗	第一劑
	水痘疫苗	一劑
出生滿 12 個月～15 個月	13 價結合型肺炎鏈球菌疫苗	第三劑
	A 型肝炎疫苗	第一劑

接種年齡	疫苗種類	
出生滿 15 個月	日本腦炎疫苗（活性減毒）	第一劑
出生滿 18 個月～21 個月	白喉、破傷風非細胞性百日咳、b型嗜血桿菌及不活化小兒麻痹五合一疫苗	第四劑
	A 型肝炎疫苗	第二劑（隔 6 個月）
出生滿 27 個月	日本腦炎疫苗（活性減毒）	第二劑（隔 12 個月）
出生滿 5 歲至入國小前	白喉破傷風非細胞性百日咳及不活化小兒麻痹混合疫苗	一劑
	麻疹腮腺炎德國麻疹混合疫苗	第二劑

資料來源：衛福部疾管署

（詳細資訊可參考兒童健康手冊）

Q. 該如何選擇合適疫苗？

在需要接種的疫苗當中，家長常常要從不同種類裡做出選擇，所以我也常被問到這方面的問題。

每家疫苗公司都宣稱自家疫苗是更好的，也會提出研究結果來證明自家疫苗的優秀表現，所以在醫生立場上也很難說哪家公司的疫苗比較好。以下列出一些常被討論的疫苗及較多人選擇的種類，建議可以在選擇前先參考：

❶ 肺炎鏈球菌疫苗：Prevenar vs Synflorix。
台灣採用的是輝瑞藥廠的 Prevenar 沛兒肺炎鏈球菌 13 價結合型疫苗，目前已經沒有 Synflorix 十價疫苗可供接種。

❷ 輪狀病毒疫苗：Rotateq vs Rotarix。
MSD 的 Rotateq 輪達停及 GSK 的 Rotarix 羅特律的保護力皆不錯，家長可以與兒科醫師討論要接種哪一支疫苗。

❸ 日本腦炎疫苗：活性減毒疫苗 vs 不活化疫苗。
台灣自 106 年 5 月 22 日起全面改用細胞培養製程的活性減毒疫苗，接種兩劑，可建立充足的保護力，也減少家長攜幼兒往返院所的次數與負擔。目前已無不活化疫苗可供施打。

❹ 子宮頸癌疫苗：Gardasil vs Cervarix。
MSD 藥廠的最新 Gardasil 9 價子宮頸癌疫苗能預防引起七成子宮頸癌的 HPV 第 16、18 型，針對低風險的型別也有保護力，除此之外，男性也可預防肛門癌、陰莖癌、生殖器疣等，同時也有效預防伴侶間的傳播，不過這款疫苗價格相對偏高。相對而言，GSK 藥廠的 Cervarix 為 2 價型疫苗，對於 HPV 第 16、18 型有不錯的保護力，價格也較親民。

Q. 卡介苗要選擇皮內注射還是經皮膚注射[＊]？

皮內注射的卡介苗最大的優點是能公費，而且獲得 WHO 的認證，全世界廣泛使用。但有些兒科診所仍對於使用皮內注射的卡介苗有疑慮，大致有下列兩種原因。

第一個原因是，一瓶疫苗會分給好幾個孩子使用，分瓶的過程中難保持百分之百的無汙染。而且針頭只要稍微偏離，注射液會被深入吸收，導致局部地方可能產生副作用。另一種經皮膚注射的方式則是一個孩子使用完整的一瓶疫苗，接種方法也較皮內注射簡便，但需自費，金額約兩千台幣。此外，皮內注射可能會產生的局部副作用也不常在經皮膚注射的方式裡出現。

在 2018 年日本製造經皮膚注射的卡介苗裡，被發現含有過量的砒霜，所以韓國一度中斷接種此類型的卡介苗。然而，這起事件算是廠商信用問題，疫苗本身仍是安全的所以目前仍持續開放接種，無需太擔心。

＊註：卡介苗在台灣目前僅有皮內注射，沒有引進其他種類的注射方式。

Q. 為什麼每年都要重新接種流感疫苗？

通常一般疫苗接種次數大概是一到五次內會完成，但流感疫苗不一樣，建議每年都要接種新型的流感疫苗，因為流行性感冒病毒（influenza）就像變色龍一般隨時都在改變型態。為了對抗每年都以抗原漂變（antigenic drift）和抗原移型（antigenic shift）來變身的流感病毒，每年專家都會研發出專門針對該年度流感病毒的疫苗。

每年春天，WHO會召集全球各地的科學家一起預測當年度秋冬會流行的流感病毒類型。通常會有超過兩種的流行病毒株，他們會從中選出三四種流行病毒株，以此為標的製作疫苗。儘管在流感疫苗接種和克流感藥物的普及之下，流感造成的死亡率大幅降低，但流感依然是能奪走全球許多人性命的恐怖又危險的病毒，建議大家最好每年都按時接種流感疫苗。

Q. 流感疫苗要打三價還是四價呢？

三價疫苗是指包含兩種 A 型流感和一種 B 型流感病毒株，四價則是包含兩種 A 型流感和兩種 B 型流感病毒株。若要從兩個當中選一個，當然建議選四價更好，能多獲得對付一種病毒株的免疫力，就能降低得到流感的可能性，讓人苦惱的點應該就是「價格」了。

韓國從 2020 年的秋天起，開放 6 個月以上、12 歲以下的小朋友能免費接種四價流感疫苗，而好消息是，台灣從 2020 年開始將公費疫苗全面改成四價流感疫苗，公費對象從 6 個月以上兒童涵蓋到高中以下，以後就不用再費心煩惱到底要接種三價還是四價了。

➕ 流感疫苗需要爸媽一起接種嗎？

群體免疫力跟個人免疫力一樣重要，特別是無法接種流感疫苗的 6 個月以下的嬰兒。所謂群體免疫力，是希望所有跟嬰兒接觸的人都接種流感疫苗，降低嬰兒接觸病原體的可能性，建議有新生兒的家庭成員全都接種白喉百日咳破傷風三合一疫苗（DPT）。由於流感疫苗的效果並非百分之百，目前台灣公費流感疫苗施打範圍涵蓋孕婦及 6 個月內的嬰兒父母，甚至連幼兒園、托育機構人員皆可接種公費流感疫苗，正是為了達到群體免疫的效果以保護無法接種的小小嬰兒。

Q. 克流感的副作用是否很危險？

　　風險較高的 5 歲以下的幼童，屬於克流感藥物的公費對象，因此若孩子確診流感，通常醫師會直接開克流感處方。此外，健康青壯年感染流感病毒的風險較低，不建議常規使用克流感藥物治療。

　　當然，每年疾管局會根據流感流行情況開放擴大克流感藥物的使用範圍，民眾可以逕行上網查詢。

　　曾經有媒體報導一名青少年在服用克流感後，出現幻覺而墜樓的事故，導致許多人很擔心克流感產生的副作用。不過，實際上我們難以確定所謂的「幻覺」到底是由克流感引起的，還是流感本身的症狀，難以真正釐清其因果關係，媒體卻偏愛用誇張的手法包裝事件，讓機率很低的事情變得十分嚇人，導致不必要的恐慌。

　　父母其實不必太擔心。我們只要注意孩子服用克流感的初期，因為流感及服用藥物引起的不適，屆時可能需要花多一點心力照顧孩子。

Q. 該如何應對新型傳染病？

近年來由於國外旅遊的增加和國際交流的活躍，導致發生在一個國家的新型傳染病會以極快的速度散播到其他各國。

例如，2002 年 11 月從中國廣東爆發的 SARS（Severe acute respiratory syndrome：嚴重急性呼吸道症候群），到了 2003 年便擴散至全世界；2009 年從美國爆發後擴散至全世界的 H1N1 新型流感；2012 年初次在沙烏地阿拉伯爆發的 MERS（Middle East respiratory syndrome：中東呼吸症候群），在 2015 年傳入韓國，引起軒然大波，還有 2019 年 12 月從中國武漢爆發的新型冠狀病毒（COVID-19：Corona virus disease-19）已經在 2020 年擴散到全世界。

當新型傳染病到來時，應該要盡全力配合政府的宣導和方針，做好個人衛生保健。固然要保持警戒，但請保持平常心，不需要過度恐慌。

【傳染病預防守則】

❶ 外出前後要勤洗手，且避免接觸眼口鼻。洗手時要用肥皂徹底清潔手掌、指間、手背和指甲。觸碰到他人的物品或器具時，一定要用洗手乳洗手。

❷ 咳嗽時要用衣袖遮住口鼻。

❸ 出現咳嗽等呼吸道症狀者務必配戴口罩，尤其出入醫療機構時。在傳染病流行的時候，不論是否有症狀，出門在外都要戴口罩。口罩規格按照疾管局的建議，一般民眾配戴外科口罩即可。

❹ 有疑似傳染病症狀需要去私人診所等醫療機構前，要先打電話至衛生所或傳染病相關中心洽詢。

❺ 如果到了設有篩檢站的醫療機構，要據實報告旅遊史和接觸史。

Q. 孩子晚上都會尿床，怎麼辦？

有些家長在問診結束後會先讓孩子離開診間，再回到我面前，面有難色說出「我家孩子晚上都會尿床⋯⋯」

通常讓家長很苦惱的原因是，孩子已經上小學了還是會尿床，但其中就算孩子可能才 3、4 歲而已，也有不少比較急躁的爸媽會覺得尿床很嚴重。尤其孩子尿床的狀況頗令人為難，雖然在心裡試圖要以「時間過了就會好轉吧！」來正面思考，但很難克制自己擔憂的心情。

根據研究顯示，尿床的家族因素占了高達 50%，尤其如果雙親都有尿床的病史，子女有 77% 的可能性也會尿床。其實尿床在 5 歲兒童當中非常常見，比例高達 15%，而尿床的男女比是六比四，且更容易發生在小男孩身上。所以，不需要擔心自己的孩子比起他人是不是發育落後，只是其他人沒有說出口而已。更重要的是，尿床之後每年發生頻率會自動減少 15%，成人的發生頻率不到 1%，尿床的狀況幾乎很少會持續到成年，無需過度緊張。

Q. 一定要吃藥才能治療遺尿症嗎？

依據 ICCS（International Children's Continence Society：國際兒童尿控學會）的定義，遺尿症*是指「滿 5 歲仍出現尿床的跡象」，不論性別，如果尿床一週超過兩次，且持續超過 3 個月，就可被診斷為遺尿症。

「原發性遺尿症」的原因多來自遺傳與發展成熟度的因素，是指出生起便持續出現尿床的現象，「次發性遺尿症」一般與身體疾病或心理因素有關，是指至少 6 個月都能忍住，之後卻又出現尿床的狀況。引發孩子有次發性遺尿症的原因可能是：多了弟弟妹妹、開始上幼兒園、搬家、跟朋友手足起爭執、與父母分離、學校生活有狀況、受虐或住院。

想要治療尿床，需考慮病童的年紀、照顧者與病童的期待以及孩子生活的環境等。一般來說，建議到了 5、6 歲後再開始積極治療。事實上，大部分的尿床能自主痊癒，因此更重要的是，要用積極的態度來建立孩子完整的個性，以及提升孩子因此低落的自尊心。雖然可以立刻使用醫生提到的藥物，但建議先採取行為治療。

＊註：尿床的醫學名詞為 enuresis「遺尿症」，跟夜尿症（nocturia）不同，但有時經常會搞混。尿床指的是不自主的解出小便（通常是夜間小解在床上），不一定會造成睡眠中斷；夜尿症指的是必須在半夜起床尿尿的情形，通常造成睡眠中斷與睡眠不足問題。不過有時在診間解釋時不太容易讓家長理解，因此會混用這兩種名詞的情況也不少見，不過兩者的成因大不相同，因此還是要注意。

【 尿床行為治療 】

❶ 避免在晚上七點以後吃甜食，包含巧克力等含有咖啡因的食物。

❷ 盡量早點吃晚餐，並減少鹹食的攝取。

❸ 晚餐後到睡覺前攝取的水分不要超過 60 毫升。睡覺前一定要先上廁所。

❹ 替孩子製作尿床月曆，沒有尿床日子就貼貼紙鼓勵。

❺ 使用尿床警報器。一旦孩子尿出來就會響鈴，反覆幾次後，能讓孩子習慣在有尿意時起床尿尿。這種方式的治療針對學齡期的孩子有不錯的效果，而且比起藥物治療更不容易復發，但操作上較繁瑣，也可能需要耐心才能見效，建議開始使用後至少要維持幾個月。

尿床治療的涵蓋範圍廣，因為尿床本身有自然痊癒的機會，因此加強孩子的配合動機、恢復自尊心以及充分的衛教家長也是相當重要的一環，可以教導孩子做閉尿及擴約肌訓練、讓較大孩子自己清洗尿床後的被單，對尿床的控制也有部分幫助。

尿床的藥物治療雖然效果可期，但由於復發率高、少部分藥物有副作用，因此我不建議一開始就使用。如果 6 歲以上的兒童還會尿床，避免造成他們的自信心和自尊心嚴重低落，這種時候光憑行為治療沒有什麼效果時，確實需要配合醫師進行藥物治療。最重要的是，不要因為孩子尿床施以處罰及羞辱的行為。

Q. 孩子的腺樣體肥大，一定要動手術嗎？

當孩子出現嚴重打鼾或時常鼻塞，可能要確認是否為腺樣體肥大。

腺樣體是鼻腔後方、連接頸部的免疫組織，負責防禦細菌和病毒。如果先天腺樣體肥大，會因鼻呼吸困難而習慣用嘴巴呼吸，導致各種問題出現，此外，有很大機率伴隨扁桃腺肥大。不同於扁桃腺肥大可以用眼睛確認，腺樣體肥大只能透過 X 光片檢查。所以若出現疑似腺樣體肥大的症狀，不分年紀都建議到大型醫院的耳鼻喉科就診確認是否需要動手術。

腺樣體肥大不僅會造成腺樣體頻繁感染而引起發炎，惡化鼻炎，也常引起扁桃腺炎、鼻竇炎、中耳炎。嚴重打鼾的症狀更會妨礙睡眠進而阻礙成長，以及影響臉型。

過去遇到腺樣體肥大的孩子，通常都會等到 10 歲才動手術，但最近年齡有前移到 5 歲的趨勢。由於手術必須全身麻醉，爸爸媽媽通常會因此感到萬分煎熬，但正因為會有影響終生面容的可能，甚至決定孩子是否能健康生長，所以就算年紀很小，建議還是要動手術。

➕ 疑似腺樣體肥大

若發現孩子出現以下任一種症狀，即可懷疑是腺樣體肥大。

☐ 嚴重打鼾。

☐ 常用嘴巴呼吸。

☐ 罹患扁桃腺腫大或經常扁桃腺發炎。

☐ 常罹患鼻竇炎或中耳炎。

☐ 白天嗜睡狀況嚴重或有過動的症狀。

☐ 晚上常常醒著無法入睡。

身邊有位朋友正是發現孩子嚴重打呼帶去檢查，結果確認為腺樣體肥大，雖然當時十分擔心孩子全身麻醉的風險，但最後還是決定進行手術。很幸運的是，術後孩子的睡眠品質改善許多，身高也迅速成長，甚至以往過動的狀況也明顯減少了。如果你的孩子也有嚴重鼻塞或過動的症狀，我很建議先去檢查腺樣體看看喔。

Q. 現在還會有寄生蟲感染的情況嗎？

在診間偶爾會有爸媽露出半信半疑的表情問我「一定要吃驅蟲藥嗎？」相較於過去，現在衛生條件都好轉，不過寄生蟲感染對我們來說仍是無法輕忽的議題。

韓國經濟成長後，生活環境改善、衛生觀念提升，所以寄生蟲感染的問題已經比以前有顯著減少。衛生當局在 1971 年第一次調查韓國全國腸道寄生蟲的感染情況，當時有高達 84.3% 的陽性反應，在 2012 年第八次調查時降低到 2.6%，其中蛔蟲、鞭蟲、鉤蟲等土壤媒介的寄生蟲感染率已經急遽降低到 0.3% 以下。

不過最近還是會經常看到以食物為媒介感染人體的寄生蟲，如肝吸蟲或海獸胃線蟲等，或是透過與宿主接觸來感染宿主的蟯蟲和頭蝨等。尤其蟯蟲和頭蝨是在托育機構或學校等團體生活的孩子中相當常見的寄生蟲，實際上也有人是在國外旅遊被寄生蟲感染後返回韓國的。韓國原本已經徹底解決寄生蟲的問題，但 1993 年開始，在休戰線附近開始流行瘧疾，也是屬於寄生蟲引發的疾病。

為什麼明明衛生環境改善，依然會發生寄生蟲感染的狀況呢？大致可歸因於：現代人喜歡吃不灑農藥的有機蔬菜及生肉片的趨勢、國外旅遊頻率增加、從嬰幼兒就開始團體活動，以及飼養寵物的家庭增加。那麼，以下就來看看如何確實的預防寄生蟲感染吧！

【預防寄生蟲感染守則】

❶ 外出返家後一定要洗手。

❷ 淡水魚或哺乳類的肉品、內臟一定要煮熟才吃。

❸ 以流動清水充分清洗蔬菜。

❹ 避免寵物吃掉在地上的食物。

❺ 清理寵物的糞便後務必將手洗乾淨。

➕ 一定要吃驅蟲藥嗎？

我的建議是，若家中有小孩已經上托兒所、有養寵物，或是喜愛生食的人，建議每年的春天和秋天各服用一次驅蟲藥，尤其全家一起空腹服用的效果最好。

不過目前驅蟲藥物在台灣都需要醫師處方，也由於台灣人飲食習慣以熟食為主，環境衛生改善明顯，目前寄生蟲感染的情況較為少見，若有特別擔憂可向兒科醫生詢問確認。

Q. 該如何除頭蝨？

頭蝨問題在英美等先進國相當常見，這與個人衛生、清潔程度無關。頭蝨主要是頭對頭接觸（head-to-head contact）傳染，也可能透過感染者使用的帽子、圍巾、梳子、毛巾等媒介。常見為 3 到 10 歲的孩童與家人間傳染，也可能在托育機構、學校中接觸到感染者。頭蝨和體蝨不同，並不需要其他病原體作為媒介。另外，因為女童之間比男童之間有更多緊密的肢體接觸，所以感染機率也較高。

長頭蝨的主要症狀為人體對頭蝨的唾液產生過敏反應而頭皮發癢，若是首次感染，直到 4 ～ 6 週出現過敏反應後才會受發癢之苦。想要去除頭蝨可使用頭蝨藥，或物理去除頭蝨和蝨卵，雖然檢查頭皮上是否有倖存的頭蝨是最確實的方式，但實際上觀察有沒有蝨卵更加容易。

【 消滅頭蝨的兩種方式 】

❶ 頭蝨藥

百滅寧 1%（Permethrin）是治療頭蝨的最佳選擇，但韓國目前只有百滅寧 5%（Omeclean cream®）的藥劑，這原本是用來治療疥瘡的，雖然尚未獲得 FDA 認證作為頭蝨藥，不過還是可以用來治療頭蝨。一般在台灣發現有頭蝨，會建議直接前往皮膚科診所接受專業醫師的治療，一次療程約 7 ～ 10 天，通常需要兩次療程才能將頭蝨去除乾淨，會根據撲殺狀況及臨床改善程度延長療程，最後需要回皮膚科確認頭蝨是否已完全去除。

❷ 物理性除去法

所謂物理性除去法，就是用頭蝨梳梳開濕潤的頭髮。尤其 2 歲以下的兒童無法使用頭蝨藥，所以這是唯一的治療方法。一週至少要進行兩次，維持兩週，投入越多時間，治療效果就會越好。

Q. 孩子覺得肛門附近癢癢的！

「蟯蟲（Enterobius vermicularis）」是人與人之間最常見的感染性寄生蟲，他們喜愛溫寒帶區域，所以在歐美先進國家也相當多見。如果孩子常常說「屁股癢癢的」，可能要懷疑是否為蟯蟲感染。兒童的感染率高於成人，雖然韓國每次調查結果有些差異，但這種寄生蟲在幼兒園和小學生、相當常見，感染率落在 10 ～ 20% 左右。

因為雌蟲會在晚上爬到肛門附近產卵，最有識別度的症狀就是夜間肛門附近的搔癢，其他症狀為輕微腹痛、噁心、嘔吐、腹瀉、食欲不振等消化道症狀，除了身體明顯不適，也會出現專注力不足、學習力低下、不安、失眠、夜尿等情況。

因為蟯蟲不會在腸道內產卵，所以驗大便的方式並測不出蟲卵。檢查是否有蟯蟲最有效的檢查方式就是「肛門周圍的直腸拭子（anal swab）」，用玻璃紙沾取肛門附近的皮膚，檢查蟲卵，若有懷疑請至醫院進行確實的檢查與治療。此外，包含感染者在內，家人或同班成員都要同步治療，並確實做好手部及身體清潔，尤其是指甲要保持整潔。

Q. 新生兒可以吃益生菌嗎？

近年來因為多方推廣，大家都相當清楚益生菌的正面效果，所以設想周到的爸媽也早已備妥了益生菌給孩子。不過，我在診間問診時發現大部分的人並未完全了解益生菌的具體功能。

其實過去有不同的聲浪指出，在腸道菌群（Normal Flora：正常存在於腸道內的微生物菌群）形成後的兩到三個月內並無法攝取益生菌，但最近的風向則轉變為盡可能從新生兒時就可以開始補充益生菌。雖然做法尚未有定論，但目前許多研究結果顯示，孩子從年幼時期開始攝取益生菌不僅有助於免疫系統的發展和活化，也可以預防異位性皮膚炎等過敏疾病，皆是相當正面的影響。

我們通常都是在有排便問題時才想到要吃益生菌。其實大部分孩子的便秘都是功能性便秘，也就是說，便秘大多是因為孩子硬忍或有不良排便習慣造成的，在這種情況下吃益生菌的幫助不大。

對孩子而言，吃益生菌更重要的意義是「提升免疫力」而非改善便秘。我們體內最大的淋巴組織就是存在於腸壁內的腸道相關淋巴組織（gut-associated lymphoid tissue，以下簡稱 GALT），而影響 GALT 發展和機能的關鍵就是存在於腸道的微生物。因此，只要持續攝取有益菌，也就是益生菌，就能維持免疫系統的平衡，也有助於減緩或預防異位性皮膚炎等過敏疾病 。簡單來說，不論兒童是否便秘都建議攝取益生菌，但若是要治療便秘，仍須充分攝取水分及纖維質並養成良好排便習慣，這比攝取益生菌更重要。

註：此為作者個人觀點。由於不同研究中的益生菌種類、劑量、使用時間、疾病種類及嚴重度或是否併用多重菌株等等差異問題，一直沒有結論顯示選擇什麼益生菌是絕對有效果的，目前為止對於使用益生菌來預防或治療過敏性疾病，多數臨床專家都選擇保守但不反對的意見，因此可以參考本書裡面寫到的益生菌選擇，但請不要執著（笑）。

Q. 不知道該怎麼選擇益生菌？

「益生菌」（Probiotics）是指適量攝取時，對身體健康有益的活性微生物。目前市面上益生菌產品非常多，常造成爸媽的選擇困難，這時建議以下列幾種指標選擇：

❶ 選擇效果經過驗證的菌株。如鼠李糖乳桿菌 GG（Lactobacillus rhamnosus GG）、嗜酸乳桿菌 LA-5（Lactobacillus Acidophilus LA-5）、動物雙歧桿菌 BB12（Bifidobacterium animalis BB12）、胚芽乳酸菌 299v（Lactobacillus plantarum 299v）、VSL#3、鼠李糖乳桿菌（Lactobacillus rhamnosus GR-1）等。

❷ 比起單一菌種，更推薦複合的多種菌種。

❸ 最推薦共生質（symbiotics），不只有益生菌（Probiotics）還有益生菌的食物益生源（Prebiotics）。

❹ 建議選擇含菌量較高的益生菌，以滿足人體所需。

❺ 該產品必須能抵抗強烈胃酸，才能在抵達腸道時保有一定數量的益生菌。

❻ 益生菌的生存力強，保存方法簡單的產品為佳。

Q. 孩子口臭很嚴重，是什麼原因造成的呢？

我們應該都不希望從模樣可愛的孩子口中聞到臭臭的味道，對吧？出現口臭的原因大致有三種，第一是因為刷牙沒刷乾淨或方法錯誤，導致口腔內產生許多細菌；第二種情況，則是呼吸道問題引起鼻炎或鼻竇炎，因為鼻涕倒流、鼻孔阻塞，孩子改用嘴巴呼吸而口乾舌燥；第三種情況，是消化系統問題導致胃食道逆流。

在兒童身上發生的口臭很少是因為消化系統引起的，大多主因都來自於口腔內部。因此，發現孩子口臭很嚴重時，先從是否有正確刷牙確認，因為幼兒手部協調能力比較弱，刷牙動作可能不準確，當孩子練習後建議爸爸媽媽要再幫孩子仔細刷一次。

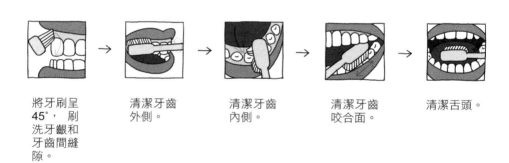

將牙刷呈45°，刷洗牙齦和牙齒間縫隙。　→　清潔牙齒外側。　→　清潔牙齒內側。　→　清潔牙齒咬合面。　→　清潔舌頭。

Q. 有沒有消除口臭的辦法？

首先，要讓孩子多補充水分。口腔內部乾燥時容易滋生壞菌，除了會口臭惡化，甚至還容易引起感冒。所以務必多喝水，讓口腔保持濕潤狀態。

第二，多吃蔬果。在咀嚼高纖維的蔬菜或水果時，能同時達到清潔齒間食物殘渣的作用，尤其帶酸味的水果有助於促進唾液分泌。最後也是最重要的，就是正確清潔牙齒，這是能預防蛀牙也能預防口臭的最佳解方。

最近的研究結果顯示，益生菌（Probiotics）能提升腸道健康和免疫力，也有助口腔保健。現在有許多乳酸益生菌產品，包含含在嘴裡會溶解的食用藥錠，以及液態的滴錠劑，所有年齡層都能攝取，可以讓孩子嘗試看看。

Q. 有沒有預防口臭的牙齒保健法？

在小孩長牙前，每次進食後要用口腔清潔紙巾或無菌紗布輕輕擦拭口腔，長牙後，則可使用手指牙刷或是小巧細軟的兒童牙刷幫孩子刷牙。但滿兩歲之後，目前美國及台灣兒牙學會都建議使用含氟量 1000ppm 的牙膏，使用量先從米粒大小開始，再逐漸增加到豆粒大小。由於各國法規對兒童牙膏的含氟量規定不同，臨床推行情況也有異，可以跟家庭牙醫討論後再決定是否使用含氟牙膏。按照台灣兒童健康手冊上標示，一般孩童長牙年紀約 6 個月大，開始長牙後就可以帶到兒童牙科就診做牙齒保健服務。目前建議每 3 個月做一次口腔預防保健，每半年塗氟一次。

在小學低年級之前，可教他採用貝氏刷牙法，高年級開始則可教他用旋轉刷牙法。最近也有推出超音波電動牙刷，利用聲波震動在短時間內更有效去除牙菌斑，對於不太會用普通牙刷刷牙的孩子，也是另一個不錯的選擇。在孩子完全熟悉刷牙方法之前，爸媽最後務必要檢查一遍。另外，跟大人一樣，使用牙線對孩子的牙齒保健有很大的幫助，能有效清除牙刷刷不到的齒間縫隙。可以先讓孩子採屈膝後躺的姿勢，由家長協助剔牙，等孩子想要自己使用牙線後，可以讓他們從門牙或臼齒開始練習。

【 不同年齡的牙膏選擇建議 】

氟能有效預防蛀牙，基本上成人牙膏都是含氟牙膏，但使用過量的話，可能會導致牙齒出現白色或褐色斑點。

❶ 2 歲前：孩子容易吞下牙膏，可以考慮使用無氟牙膏。

❷ 2 歲至 3 歲：每天使用低氟牙膏（氟含量為 500ppm）1 ～ 2 次，每次用量為一顆米粒大小。

❸ 3 歲至 6 歲：每天使用使用低氟牙膏或普通牙膏 1 ～ 2 次，每次用量為豌豆大小。開始刷牙後，需協助孩子用水漱口至少 7 次。

Q. 需要留意空汙警報嗎？

　　空氣汙染物（臭氧、一氧化碳、二氧化硫、懸浮微力等等）是世界衛生組織（WHO）認定的第一級致癌物，若長時間暴露在這樣的環境中，我們體內各處都會有罹癌風險。其中，直徑在 10 微米以下的顆粒稱為懸浮微粒 PM_{10}，直徑在 2.5 微米以下的顆粒稱為細懸浮微粒 $PM_{2.5}$，$PM_{2.5}$ 會長時間飄浮在空氣中，並且通過人類鼻毛深入肺泡，進入血管並隨著血液循環全身，造成全身性傷害，相當可怕。

　　台灣行政院環保署有非常詳細的空氣品質指標監測說明，將空氣品質指標分成六個等級，使用六個顏色燈號來做一目了然的區分，也針對一般民眾及敏感性族群做出活動建議，通常空汙橘色警報即建議減少外出，其他詳細內容可以逕行上網站參考。

空汙 AQI 指標	細懸浮微粒 $PM_{2.5}$（$\mu g/m^3$）	懸浮微粒 PM_{10}（$\mu g/m^3$）
良好（綠色）	0.0-15.4	0-50
普通（黃色）	15.5-35.4	51-100
對敏感族群不健康（橘色） 101～150	35.5-54.4	101-254
對所有族群不健康（紅色） 151～200	54.5-150.4	255-354
非常不健康（紫色）201～300	150.5-250.4	355-424
危害（褐紅色）301～500	250.5-500.4	425-604

資料來源：行政院環保署

Q. 嚴重空汙的日子可以進行戶外活動嗎？

身為醫生的我也有過敏性氣喘和鼻炎，我的鼻子和支氣管常比空汙預報更早響起警鈴。若前一天空氣品質很差，隔天到醫院掛號呼吸道症狀的患者也會明顯增多。

在嚴重空汙的日子戶外活動 1 小時，等同於吸了 3 個小時又 40 分鐘的柴油車的廢氣，也等於吸菸 1 小時 20 分鐘。因此，對心肺功能尚未健全的孩子來說，造成的影響會特別嚴重。

因此，我建議在嚴重空汙的日子盡量避免戶外活動。因為懸浮微粒除了會影響皮膚、眼睛和呼吸道，還會滲透血管引發各種疾病，加劇慢性病惡化，尤其細懸浮微粒會藉由血液流入大腦，甚至會影響神經系統。據瞭解，這會影響到孩子的大腦發展，可能引起自閉症、注意力不足過動症（ADHD）等。研究顯示，在懸浮微粒較多的環境中長大的孩子，個子會比較矮、體格較嬌小，而且反覆暴露在高濃度懸浮微粒中的 2 ～ 3 歲的嬰幼兒，到 30 歲時容易成為肺部疾病重症患者。

Q. 空汙的日子如何保持室內通風？

在空汙預報為「普通」時，可在室內外溫差較大的上午 10 點到下午 4 點之間，每隔 10 分鐘進行 2 到 3 次的開窗換氣。但如果是住在大馬路旁，這個時間開窗戶可能會換到更多廢氣，所以改為夜間車流量較少的時間為佳。許多人有早晨空氣更新鮮的迷思，其實這個時候空氣中有不少的懸浮微粒。

若是空汙較為嚴重的日子，開窗換氣的時間點不變，但窗戶建議只能開一掌寬，並且每 5 分鐘進行 2 到 3 次的空氣循環，關上窗門後盡量用溼抹布擦地，當然也要記得使用空氣清淨機加強淨化。有許多家長曾問我挑選空氣清淨機重點，其實相當簡單。首要條件為機型要適合使用空間坪數，易保養、維護費用低，以及低噪音等等。最後提醒，要確保室內環境保持通風，否則可能反而比戶外更危險，因為不只是戶外的懸浮微粒為有害物質，在打掃或煮飯的過程也都會產生汙染物，且甲醛和二氧化碳的數值也會提高。

Q. 該如何挑選口罩呢？

因為懸浮微粒非常細小，一般棉製口罩很難防止其進入呼吸道。因此，在發布空汙警報的日子，最好戴上韓國食品醫藥品安全處認證的 KF 防塵口罩 。防塵口罩的種類有 KF80、KF94、KF99 等，後面的數值是配戴口罩吸氣時能過濾灰塵的比率。例如，「KF99」是指過濾 99% 以上的灰塵。

但是老弱婦孺配戴高係數防塵口罩時需注意，正因為能有效降低吸入懸浮微粒，相對地也會造成呼吸需要更費力，所以在配戴口罩的狀態下要避免劇烈運動。另外，戴口罩造成的不舒服可能會讓孩子不經意就拿下口罩，為了降低脫掉口罩的機率，即便是戴 KF 數值低的也沒關係，以孩子能接受的程度選擇適當的產品為佳。

註：KF 是韓國口罩的專屬標誌，全名為「Korean Filter」。我們常用的 N95 為美規，約等同於 KF94。

Q. 為什麼異位性皮膚炎會讓皮膚很乾燥呢？

健康的皮膚能夠築起保護身體不受到外部刺激、感染，以及鎖住水分的防護牆。然而，罹患異位性皮膚炎的孩子，他們的皮膚便無法發揮上述機能，當皮膚表層的水分過度流失，導致皮膚乾燥、發癢、免疫機能下降時，就可能引起第二階段的細菌感染。

大部分的過敏性疾病屬於多因素疾病（multifactorial disease），基因遺傳、免疫、環境等因素皆會影響疾病的發生及嚴重度。目前認為若父母雙方皆沒有過敏病史，則寶寶出現過敏問題的機率還是會有 15％ 左右（可能來自環境或其他因素），若父母一方有過敏問題，則寶寶有過敏的機會上升到 20 ～ 40％，若父母雙方皆有過敏，則寶寶過敏機會高達 60 ～ 80％。目前研究發現，異位性皮膚炎最重要的致病基因是絲聚蛋白（filaggrin）的突變，導致角質層功能缺損、皮膚的保濕度下降，進而導致皮膚乾燥如出現裂痕與皮膚炎，之後再加上免疫失調與過敏原致敏化，導致長期反覆發作。

如果異位性皮膚炎很嚴重，當然一定要去看醫生，接受規律的定期治療。不過就如前所述，異位性皮膚炎的成因大部分跟體質有關，所以很難做根本上的治療。因此，不管是否為嚴重的異位性皮膚炎，最基本要做的就是「保持皮膚濕潤」。事實上，皮膚保濕這件事，不僅對異位性皮膚炎的小孩很重要，健康小孩也同樣需要細心照料。

Q. 保濕產品和皮膚藥膏，要先擦哪一個？

先擦哪個的確是很常被問到的問題，現在有些醫師會建議「混合」一起擦，例如將保濕乳與類固醇藥物以一定比例混和均勻以後擦在患部上（比例依照臨床情況跟醫師討論）也不失為一個折衷的做法，家長如果有這樣的困擾不妨可以試試看。

我認為不管是藥膏或是保濕劑，應該要視當下的需求來選擇。

舉例來說，當皮膚病變得很嚴重時，應該要先擦藥膏後再加強保溼乳；當皮膚狀況沒有很嚴重時就可以先保溼，藥膏只擦在患部上。其實並不會因為塗抹的順序，或是塗抹間隔太短就會發生什麼大事。不過，對於罹患異位性皮膚炎的孩子而言，因為需要長期的照護，些微的差異都可能造成很大的影響，因此，爸爸媽媽可能要多多費心。

Q. 要怎樣選擇孩子的保濕產品？

保濕乳的種類具有不同的親水性，可分為吸收周圍水分的「潤濕性保濕劑（Humectants）」，還有形成保護膜阻斷水分蒸發的「封閉性保濕劑（Occlusives）」，以及同時具備這兩種性質，又能讓皮膚變得柔軟光滑的「潤膚型保濕劑（Emollients）」，還有與組成皮膚屏障的角質層細胞間脂質類似成分的「生理性脂質混合物（physiologic lipid mixture）」。最近比起單純補充水分，人們更關注皮膚最重要的功能——恢復皮膚屏障，正持續推出結合各種性質優點的保濕產品。

保濕產品的種類分為「乳液」、「乳霜」、「軟膏」和「油」等等，要根據保濕力、延展性，以及家長或小孩的需求及喜好來選擇適合的保濕劑使用。例如，在臉部及需要集中保濕的部位使用面霜，其餘部位則使用乳液；或是潮溼的夏天選擇乳液，在比較乾燥的冬天時則使用面霜。另外，使用嬰兒油或凡士林等封閉性保濕劑，或將保濕產品混合使用時，雖然保濕效果看似不錯，但可能容易妨礙汗腺的功能而引發毛囊炎，請務必留心這點。

無論如何，最重要的是選擇最適合孩子的產品，建議能親自試用最好，但話雖如此，每樣產品都要親自體驗是一件有難度的事，所以詢問兒科醫生或周圍親友的建議都是不錯的選擇。

異位性皮膚炎專用的保濕劑在台灣相對容易取得，多數不需要醫師處方，例如舒特膚、理膚寶水、艾芙美等等品牌都可以找到專門的產品，可以逕行向兒科醫師或皮膚科醫師諮詢。

異位性皮膚炎除了藥物治療，更重要的是日常的保溼，而沐浴及皮膚用品是保養的關鍵，然而各國的指引當中沒有相當確切的論述，導致臨床醫師在給出建議時差異頗大、也同時含有許多個人意見，因此家長只能夠參照「模糊」的建議來操作。不過由於異位性皮膚炎的嚴重度與治療的順從性也會大大影響臨床醫師在門診的衛教建議，在此給出幾個重點：

❶ 洗澡可以天天洗：洗澡一天不超過一次為原則。不洗澡皮膚會堆積老舊皮屑、過敏原及汙染物導致發作，頻繁洗澡反而增加皮膚水分散失，也沒有好處，所以一天一次讓皮膚吸收水分就可以了。

❷ 泡澡淋浴都可以：沒有研究指出泡澡及淋浴哪個絕對適合異位性皮膚炎的患者，而且洗澡方式會隨著年紀而有很大差異，例如嬰兒適合泡澡但較大學童通常喜歡淋浴，所以也要根據孩子的喜好來改變。

❸ 水溫微涼時間短：水溫部分通常建議微涼的溫水，以不超過 38℃ 為原則，洗澡時間通常建議 10 ～ 15 分鐘，太久或太熱都會讓水分散失而失去洗澡的好處。

❹ 沐浴用品非必需：皮膚屬於弱酸性，使用鹼性的含皂產品會破壞皮膚屏障，也將皮膚的生理性油脂洗掉，因此非常不建議使用含皂（包含手工母奶皂）的鹼性沐浴品。其實多數的嬰兒只要用清水洗澡即可，如果真的需要，建議挑選適合異位性皮膚炎的中性／低敏／無香料的沐浴品使用。至於沐浴油，或抗菌產品如稀釋漂白水等等，會用在難以一般方式控制的嚴重異位性皮膚炎時輔助，可能有幫助但非必需品。

❺ 洗完務必擦乳液：使用保濕劑是異位性皮膚炎治療相當重要的一環，使用何種保濕劑、濃度及次數等建議與專業醫師討論，這裡要提醒大家的是沐浴完皮膚會暫時補充到水分，所以要把握時間塗抹保濕劑，最好是洗完澡就擦，比較不會忘記，而其他時間也可以頻繁補充保濕劑，一天3～4次、塗抹適當足量保濕劑，對於異位性皮膚炎的照護才會起到加分效果，不然就會不斷的在反覆發作及塗抹類固醇藥物中感到絕望與無奈。

聽說寶寶皮膚太乾燥可能演變成異位性皮膚炎，所以我真的很仔細地幫孩子保溼！一開始把網路好評的保溼產品都買來嘗試，花了很長的一段時間才發現適合小孩的保溼產品。因為孩子的皮膚狀態不盡相同，根據我的經驗，使用小兒科推薦的保濕產品效果最好。此外，小孩的皮膚狀況會改變，可能需要替換功能不同的產品使用。

Q. 好擔心我家小孩是不是過胖！

最近越來越多家長比起擔心孩子過瘦，更擔心孩子過胖，甚至從孩子剛出生就有父母有疑慮，也常常會有家長帶孩子來醫院接種疫苗時，只要聽到醫生說：「孩子體重成長得很快耶！」就立刻反問說：「這樣會不會太胖了？」

其實，孩子兩歲前都不需要太擔心過胖的問題。吃副食品時期是培養孩子飲食習慣的重要時期，所以在孩子滿兩歲前，應該專注於養成良好習慣。這時期當孩子想多吃一點時，並不需要刻意禁止或限制小孩的攝取量。只是有一點要特別注意，一定要留意孩子沒有攝取過多糖分，或是營養價值低、熱量過高的零食和垃圾食物。

➕ 要如何判斷小孩是否過胖？

在孩子滿兩歲之後，可以用身體質量指數的肥胖程度做指標。超過該年齡層的 85 ～ 95 百分位時則被定義為「過重」，超過該年齡層的 95 百分位時則被定義為「肥胖」。

Q. 小孩肥胖會引發什麼問題？

　　成長時期，脂肪細胞數目和面積會一併增加。小時候有肥胖問題的人，長大可能也會持續有肥胖問題；小時候因肥胖問題而併發的疾病，也會持續到成人期。因此，要預防小時候的肥胖問題，才能一直保持健康。

　　小孩、青少年肥胖可能會產生高血脂、高血壓等心血管疾病，甚至引起第二型糖尿病、代謝症候群等內分泌疾病。有 10 ～ 25% 的青少年肥胖者會產生非酒精性脂肪肝的症狀，之後有從肝纖維化進展到肝硬化或肝癌的危險。另外還可能有睡眠呼吸中止症或氣喘等呼吸道疾病、關節炎，甚至會產生大腿骨的上骨骺板滑脫症等骨關節併發症。

　　再者，肥胖並非只有生理層面受到影響，對心理健康也會帶來不良的影響。肥胖的孩童大多自尊心低落，甚至可能產生適應障礙、被霸凌、憂鬱或飲食障礙等精神上的問題，所以肥胖跟其他疾病一樣是需要被好好重視的兒童問題。

兒童肥胖治療 的目的不在於降低體重，而是幫助兒童建立能維持一生健康的良好習慣。與其只是讓他餓肚子或少吃東西，更應該把焦點放在改變生活和行為，養成健康的飲食習慣，因為過度嚴格限制飲食，會有礙成長或引起神經性厭食症等心理障礙。

通常孩子會複製父母的生活型態，且單憑孩子一己之力矯正生活型態的成效有限，所以為了預防及治療兒童肥胖，全家人都應該投入於健康的生活方式。

【 改善兒童肥胖問題的方法 】

❶ 調整飲食

與其限制飲食，不如改善飲食的營養結構，鼓勵兒童充分補充成長所需的蛋白質，並限制碳水化合物和脂肪多餘的攝取。理想的餐點比例是脂肪 25 ～ 35%、碳水化合物 45 ～ 65%、蛋白質 10% ～ 30% 。平常料理以五穀、蔬菜、瘦肉、魚、雞肉等為主，零食則以水果取代餅乾或飲料。必須限制兒童攝取速食的份量，因為速食不僅熱量高，鹽分及脂肪含量也很驚人，更缺乏日常所需攝取的營養素和礦物質。最重要的是，每天三餐要均衡且規律地吃，在 20 ～ 30 分鐘內以適當的速度進食。

❷ 體能活動

體能活動是預防肥胖、增強體力、預防多種慢性疾病的好方法。除了體育課之外，散步、騎單車或在遊樂場玩耍等全都屬於體能活動範疇。沒有活動力的休閒活動，例如使用智慧型手機、打電動、看電視等每天應控

制在兩小時以內。加速心肺的有氧體能活動，例如快走、跑步、跳繩、游泳、打羽毛球、登山等，每週至少 3 次、每次至少 1 小時。

❸ 預防兒童肥胖的行動守則

☐ 固定的用餐時間和場所。

☐ 規律飲食，尤其是早餐。

☐ 吃飯時不看電視、手機。

☐ 使用小碗。

☐ 限制甜食及油膩食物，亦不作為獎勵。

☐ 口渴時喝水，不喝飲料。

☐ 不在房間使用手機、平板或看電視。

☐ 短距離移動時選擇步行。

☐ 多走樓梯，不坐電梯。

※ 註：根據國健署「每日飲食指南手冊」所示，合宜的三大營養素比例為脂質 20 ～ 30%、碳水化合物 50 ～ 60%、蛋白質 10 ～ 20%。

國健署有提供相當不錯的參考資料，讀者可以逕行參考。
• 肥胖 100 問 +（https://www.hpa.gov.tw/Pages/EBook.aspx?nodeid=4087）
• 我的餐盤手冊（https://www.hpa.gov.tw/Pages/EBook.aspx?nodeid=3821）

Q. 孩子比同齡的小孩還矮，真苦惱！

當發現孩子比同年齡的小孩個子更小，許多家長都會開始煩惱是不是孩子身體出了什麼問題而長不高，為了釐清我們孩子的成長速度是否正常，需要先瞭解人從出生到成年，身高如何變化的階段。

出生時嬰兒平均身高落在 50 公分上下，在 2 歲前會經過第一次的快速生長期，長高到約 85 公分左右。之後到青春期之前，一年平均會長高 4～6 公分，差不多在 5 歲時身高就會是剛出生時的兩倍，這個階段若一年長高幅度不到 4 公分，則可判定成長速度較慢。

青春期會從女生平均 10 歲、男生平均 12 歲開始起算，進入青春期後就是第二次的快速生長期，這時會明顯抽高。待青春期結束後，成長速度會急劇下降，並慢慢地長高到成年人的身高。

其實，在孩子出生的 6～18 個月內可能會暫時偏離正常的生長軌跡。新生兒的身高反映媽媽子宮內的環境，但兩歲時的體格則反映出遺傳基因，此時起孩子會依據自己的基因潛力長高，所以可能會高於或低於正常生長發育範圍。這個階段若跟同性別年齡的孩子比較時，生長曲線低於第三百分位，可認定為身材矮小。

Q. 要如何判斷孩子不會再長高了？

若照左側手腕 X 光片，發現生長板已經閉合，即可斷定為成長結束。通常女孩是在初經開始的兩到三年內，男孩則是睪丸開始變大並長出明顯陰毛及腋毛時，即視為達到成人的身高。

因疾病而長不高的人只有兩成左右，其餘八成的人是因家族性身材矮小或體質性生長遲緩。所謂「家族性身材矮小」是指因遺傳因素造成身材矮小，「體質性生長遲緩」顧名思義就是體質造成生長緩慢，原因是骨齡比實際年齡低，所以青春期來得晚、生長速度比較慢而已，常見於父母中其中一人較晚長高，或是家族中的青春期都比較晚，但最終仍可長高到正常範圍。

➕ 何時應就醫檢查身高的成長是否正常？

不分年齡，只要孩子願意，隨時都可以接受關於身高的專業諮詢或檢查。不過建議在生長快速期、青春期結束之前檢查，才能在成長期接受治療。

建議幾歲要檢查生長板？

通常只要沒有特殊的疾病，在青春期結束之前生長板都是開著的，因此不需要單純為了觀察生長板而檢查。在這時期會檢查生長板更重要的目的是「測量骨齡」。

在測量骨齡的方法中，最常使用的方法就是利用左手和左手腕的 X 光片進行判定的 G-P（Greulich and Pyle）法，因為手部相較於其他部位更容易拍攝，也容易設定並分析鈣化的順序。

另外，偶爾也會為了檢查是否有骨質疏鬆來測量骨質密度，這個方法也能判斷骨齡，不過還是 G-P 法較準確。

身高低於正常範圍的孩子，若發現骨齡低於身體年齡，可以懷疑是體質性生長遲緩，這種情況下，最終還是有機會能長高到正常範圍；相反地，若骨齡高於身體年齡，那麼很有可能會提早停止長高，個子會停留在矮小階段。

Q. 會建議幫孩子打生長激素嗎？

目前台灣健保給付施打生長激素的條件有：生長激素缺乏症、透納氏症候群及 SHOX 缺乏症（限使用 Humatrope）患者。若有意願也可以自費施打生長激素。

許多人會擔心施打後的副作用，不過，生長激素的技術為重組 DNA，是與人體體內生長激素一樣合成製品，據了解目前為止並沒有出現任何明顯的副作用。因此，診所若有在施打前充分地檢查並給予適當劑量，後續詳細地追蹤觀察，我認為就不需過度擔心。

但若是前述提到的，體質性生長遲緩或家族性身材矮小的關係，那麼施打生長激素的效果就不太明顯了，加上同時還要承受龐大費用和漫長治療時間的困難。不過，如果孩子和家長強烈希望能嘗試看看，那麼及早施打便是減少後悔的方法，因為生長板閉合後，便無法施打生長激素了。

Q. 除了打生長激素之外，還有其他增高的方法嗎？

其實長高跟避免肥胖的方法一樣，就是均衡飲食、充足睡眠、規律運動，以良好生活習慣達到健康體態。

雖然很多人提倡多喝牛奶可以長高，但與其大量攝取某種特定食物，均衡飲食才是最佳選擇。我們很常忽略的是不經意地就攝取過多的含糖食物，而這些高糖飲食不但含有太多添加物會導致肥胖問題，也會抑制生長激素的分泌。所以保持良好的飲食習慣、擁有規律的運動生活，才是健康成長的不二法門。

運動項目中，有氧運動可以刺激生長板，建議每週至少 3 次、每次 1 小時以上維持強度適中的快走、跑步、游泳、跳繩等有氧運動。另外，晚上 10 點到凌晨 2 點是生長激素分泌最旺盛的時間，因此許多專家建議盡量讓孩子在 10 點前入睡，讓這段時間能進入深沉睡眠，以利刺激生長激素。

Q. 可以幫小孩清耳垢嗎？

在小兒的領域中，挖耳垢的真正目的是為了觀察耳膜。通常孩子感冒時容易併發中耳炎，而中耳炎則要透過觀察耳膜來確認，當耳朵布滿耳垢以致於看不見耳膜時就需要清除耳垢。

有些家長看到內視鏡螢幕上，孩子充滿耳垢的畫面覺得有點不好意思，會詢問我平時是否要幫孩子清耳垢。我可以肯定的是，耳垢不是非挖不可。有耳垢不代表很髒，也沒必要覺得丟臉。其實耳垢能防止水分或異物從外部進入，發揮保護外耳道的功用，所以耳垢不一定要清除。但如果孩子喜歡挖耳朵，可以仔細耐心地清潔也無妨。請家長不必太擔心，只有在耳垢擋住視線而無法觀察耳膜時，醫生才會小心地挖出耳垢。

Q. 家裡可以用加濕機嗎？

因為韓國氣候較為乾燥，家中會備有加濕機而非除濕機。但幾年前因為加濕機殺菌劑事件＊，之後經常會遇到家長問我家裡能不能用加濕機。事實上，加濕機殺菌劑在市場上早已銷聲匿跡，其實不太需要擔心。

在乾燥的冬季建議適時使用加濕器，尤其室內開暖氣後會變得更乾燥。平常適合生活的溼度大約在 50% 上下，若有鼻塞、咳嗽等呼吸道症狀時，將溼度提高至 60% 左右有助於緩解症狀，另外，需避免讓加濕機直接對著孩子。現在也有很多兼具空氣清淨機和加濕機功能的產品，我也聽說加熱式加濕機比超音波加濕機更衛生，只要挑選符合使用空間大小且容易清潔的加濕機，購買後再按說明書正確使用，並定時清理加濕機即可，不需要太擔心使用加濕機的負面影響。

如果家裡不打算添購加濕機，也可以把溼毛巾或剛洗完的衣服晾在屋內增加溼度，也是不錯的替代方案。

＊ 註：2011 年韓國有 500 多人因某些廠商的加濕器殺菌劑中含有特定的化學成分，引起肺部疾病而傷亡。

Q. 一定要割包皮嗎？

通常會依包莖情況判斷割包皮的需求，包莖是指因為包皮開口太小而無法順利推開露出龜頭的情況。在新生兒身上通常會呈現包莖狀態，但到了3、4歲左右，龜頭就會和包皮分離，在陰莖成長後、間歇發生勃起現象時，龜頭就能自動將包皮推開。據瞭解，3歲的孩子有九成以上已經會自動推開，到17歲之前只剩百分之一的人仍處於包莖的狀態。

有好一陣子的社會氣氛認為割包皮是所有男性成為男人的必經儀式，也曾流行過為新生兒割包皮。割包皮的好處是更易於清潔，且能預防尿道感染、改善包皮過長、降低陰莖癌風險等等。但實際上，這件事仍存在著討論空間，因為很多時候是不需要割包皮的。簡單來說，這是個人的需求與選擇，所以可能更適合等孩子長大後再依照自己的意志決定。

然而，如果包莖程度嚴重或經常發生龜頭包皮炎等問題，可以積極考慮割包皮，手術時間點建議選擇在新生兒時期，或是孩子高年級後比較能忍受手術及恢復過程的年齡。

Chapter

4

意外受傷 Q&A——
不再慌張的
緊急處理法！

　　雖然小兒科不是專門治療外傷的科別，不過一旦孩子受傷了，爸媽還是習慣就近到平常看診的診所尋求治療協助，所以我也治療過許多外傷的孩子。

　　我女兒不久前去朋友家玩的時候，不小心從床上摔下來，右眼上方撞出長達 2.5 公分的撕裂傷，必須在附近醫院的急診室接受縫合手術，當外科醫生壓住傷口止血時，老婆很擔心地問：「傷口會留疤嗎？」

　　拍完 X 光片後，要等兩個小時後才會看到結果，所以我老婆十分焦急，但外科醫生一副對這種狀況習以為常的樣子，不耐煩地對著我們夫妻倆說：「這當然會留疤！」

　　老婆聽到醫生的回答後，突然間痛哭失聲。我在一旁目睹一切卻只能默默地忍住悲痛，那時心裡很想抓著醫生的領口大喊：「口氣不能溫和一點嗎？」我們來找整形外科醫生就是希望他能用精湛的縫合技術讓傷疤小一點，他卻用這麼堅決的口氣告訴我們說會留疤，這種幾近不屑的威嚇，讓我從內心深處不斷冒出怒氣。

就算他說的沒錯，但身為醫生，我認為不應該用那種嘲諷的態度說出讓家長沉陷絕望的答覆，因為醫生的一句話或一個動作，都能輕易動搖家長的想法和感受。儘管無法完全不留下疤痕，也可以仔細地告訴我們能縮小或淡化疤痕的方法。這才是醫生該做到的本分。

　　雖然這本書無法一一針對所有的外傷提供解方，但希望能帶給沒有經驗、時常為孩子擔心的家長一點幫助。

Q. 額頭撞破了，會不會留疤？

孩子們總是蹦蹦跳跳的，時不時在我們沒有注意到的時候摔倒或撞到，雖然通常只是輕微破皮的小傷，但嚴重時也可能流血。為了能讓傷口縫合後不留下明顯疤痕，事先瞭解癒合的過程再去選擇適合各個階段的治療是不錯的對策。

【傷口癒合的過程】

❶ 炎症期：在這個階段，傷口周圍血管的細胞（血小板、白血球、巨噬細胞等）會被活化，產生止血及免疫作用，而這些細胞分泌的物質會刺激傷口周圍的皮膚細胞。

❷ 上皮化期：傷口面的皮膚細胞（上皮細胞）經過細胞分裂後會分化並移動，在這個階段，上皮細胞會布滿整個傷口。

❸ 增生期：為維持皮膚原本的張力，在這階段會合成膠原蛋白讓細胞增生，修復傷口部位。

❹ 成熟期：經過上皮化和增生過程後疤痕組織會變厚，恢復成原先狀態。

傷口是如此循序漸進地自主修著復，在這個過程中我們可以依下列做法照顧傷口，盡可能讓受傷的地方癒合如初。

【各階段的治療方法】

❶ 以生理食鹽水清洗：傷口出現後，務必要先用生理食鹽水清洗掉雜質和滅菌。如果一開始沒有清洗乾淨，可能會因感染而延長傷口癒合的時間，增加留下疤痕的可能。

❷ 縫合傷口：最好能由整形外科醫生縫合，因為具備深厚解剖學知識和熟練技術的醫生才能細膩地縫合，讓傷口順利復原、降低留疤機會。如果無法立即到醫院處理，還是能先進行初步處理（以生理食鹽水清洗、貼上敷料），只要在 24 小時內縫合，大部分不會對傷口復原有太大影響。無法判斷是否需要縫合時，請就近到醫院或聯繫醫療人員諮詢。

❸ 濕潤敷料：為了加速傷口上皮化，建議使用 DuoDERM® 康威多愛膚等無菌濕潤敷料。不建議使用乾燥敷料，因為傷口結痂後不只會延緩癒合，也會因為分泌過度的組織胺而引起搔癢，若不小心把痂抓掉，可能會因二度傷害而留下疤痕。建議在滲出組織液之前都使用濕潤敷料。

❹ 拆線：使用縫線能幫助傷口復原，但縫線同時會帶給周圍正常組織張力，若沒有及時拆線也可能造成留疤，所以務必適時拆線。縫合時請跟醫生確認拆線日期，並且按時到醫院治療。

❺ 免縫膠帶：傷口縫合後的組織雖然已經稍微恢復了，但還是比正常組織脆弱。為了避免傷口被周圍正常組織牽引而撐大，建議使用 Steri-Strip® 免縫膠帶來維持。在傷口紅腫消退前，大概維持使用免縫膠帶 3 個月左右，如果是嘴巴或關節等活動頻繁的部位可能需要使用更久。

❻ 防曬：若尚未癒合的傷口暴露在紫外線下，皮膚會分泌過多的黑色素儲存在表皮細胞使傷口變黑。為避免這種情況發生，在治療過程中的傷口需要每天防曬至少半年。

❼ 除疤藥膏或除疤矽膠片：傷口修復到增生期時，若細胞過度增生會暫時出現紅腫的疤痕組織，此時為了縮小疤痕可以使用除疤產品。大約是從傷口癒合後開始使用至少 6 個月。可選用除疤藥膏（RejuvaSil® 疤痕凝膠、Dermatix® Ultra 倍舒痕凝膠、Kelo-cote® 蓋絡卡緹疤痕護理矽膠、Contractubex® 秀碧除疤膏等）或矽膠片（Cica Care® 疤痕矽膠片、Mepiform® 美立可疤痕護理矽膠等）。

❽ 雷射治療：若按照上述治療過程處理卻依然留下疤痕，這時可考慮進行雷射。最好等傷口已經穩定時再做雷射，若急於消除仍在癒合過程中的傷口會造成二度傷害。其實成長中的孩子皮膚會自然擴增，疤痕極有可能會漸漸淡化，等長大後再考慮雷射也不遲。

➕ 什麼是蟹足腫？

「蟹足腫」是指在傷口修復的過程因纖維組織過度增生，使得傷口周圍紅腫。目前成因傾向為遺傳，有蟹足腫體質的孩子在接種卡介苗時也會留下很大的痕跡。

蟹足腫大約會在傷口出現的 3 個月到 1 年內形成，時間越久會越明顯。為避免留下明顯疤痕，要趁傷口的紅腫消失前用 Steri-Strip® 免縫膠帶，再至少用除疤藥膏或矽膠片 6 個月，同時觀察傷口的變化。

Q. 摔倒的傷口要怎麼照顧？

摔倒後如果沒有傷口、只是出現瘀青便不需要特別處理，有需要的話用萬金油或曼秀雷敦等消炎藥膏舒緩疼痛即可。若有擦傷，在用食鹽水清洗和消毒後，貼上略大於傷口的 DuoDERM®、DermaPlast® 等濕潤敷料，等敷料吸滿了組織液再更換。初期建議每天換新的敷料，等組織液減少後，可改成兩三天換一次，當完全沒有組織液時就可以不用貼了。萬一摔傷的傷口很寬或很深，務必要先到醫院處理傷口。

➕ 被指甲刮到了，會留疤嗎？

被指甲刮傷很少會傷到真皮層，所以不太會留下疤痕。但仍要避免細菌造成二次感染而讓傷口惡化進而留疤。如果是輕微的傷口，可在家消毒後擦藥膏（fucidin® 膚即淨乳膏等）或用濕潤敷料（DuoDERM®、DermaPlast® 等）即可逐漸好轉。

「我的孩子從床上摔下來了，應該沒事吧？」像這樣，在我擔任小兒科醫生超過 12 年的時間，有非常多家長是因為孩子從床上摔下慌張地來找我。當我聽到這個問題時，常常胸口就像異物堵住一樣無法呼吸，因為不僅要安撫爸媽的不安和擔憂，還要盡到身為醫生的義務，這帶給我莫大的壓力。老實說，我好像還沒有找到這個問題的標準答案。但是當我成為一名父親，發現孩子某天從床上摔下來後，我面對這個問題的態度改變了很多。

孩子摔下床的當時我非常擔心又難過，雖然我身為見過許多重大緊急狀況的醫生，但面對自己孩子的意外，也必須在大型醫院急診室拍 X 光確定後才能真正放下懸掛在心頭的不安。因這次意外的警惕，我認為與其驚慌失措，不如瞭解正確的處理方法。

發生摔傷意外時，如果頭皮沒有傷口、沒有瘀青血腫，也沒有輕微症狀或失去意識，那麼大致上而言沒有必要特別就醫。不過偶爾也會發生頭部衝擊雖不嚴重，卻伴隨著頭骨骨折或顱內出血的狀況，因此，仍要慎重決定是否需要檢查。

【孩子意外摔傷的觀察重點】

❶ 觀察孩子的狀態

以孩子的身形而言，頭部占身體滿大部分的重量，所以跌倒或摔倒時，頭部先受到撞擊的情況很常見。聽到「碰」一聲，相信父母的心臟會感受到比這一聲強烈好幾倍的衝擊，這個時候，即便緊張跟擔心，也請先冷靜下來，按照以下的建議觀察孩子的狀態來判斷嚴重性。

如果孩子頭部受到衝擊相當嚴重，有明顯的頭部外傷徵兆的情況一定要趕緊送急診，但事實上更多時候看起來是正常沒問題的，若是沒有嚴重外傷，也沒有出現特別反應和症狀，不妨留些時間觀察孩子，但一旦有符合下列檢查清單的任何一項，便應立即就醫。

- ☐ 是否失去意識或意識模糊。
- ☐ 是否變得神經質、愛纏人或具攻擊性。
- ☐ 是否嘔吐。
- ☐ 是否局部麻痺或行動受限。
- ☐ 是否痙攣、癲癇發作。
- ☐ 是否出現傷口或頭皮瘀青。
- ☐ 前囟門是否膨脹。
- ☐ 行動或表達是否異於日常。

❷ 頭部 X 光

頭骨骨折占兒童頭部外傷的比例約有兩成高，尤其當嬰兒頭部撞擊時，發生骨折的機率比出血還多。我們可以透過拍攝頭部 X 光確認頭骨是否骨折，以及拿來判斷是否需要進一步拍攝電腦斷層的參考。但要注意的是，孩子是否有腦出血並無法僅用頭部 X 光得知。

❸ 頭部電腦斷層

若頭部出現外傷時有下頁症狀，應考慮拍攝電腦斷層。

➕ 2 歲以下的孩子撞到頭部後觀察要點

☐ 失去意識或意識模糊。

☐ 變得煩躁、愛纏人。

☐ 出現神經異常的症狀或惡化。

☐ 頭部 X 光片發現頭骨骨折。

☐ 痙攣。

☐ 前囟門膨脹。

☐ 嘔吐兩三次以上。

☐ 頭皮瘀青。

☐ 有凝血功能異常病史。

☐ 嬰兒狀態看起來令人擔憂。

☐ 有非事故外傷（例如虐童）的疑慮。

➕ 2 歲以上的孩子撞到頭部後觀察要點

☐ 失去意識或意識模糊。

☐ 頭部 X 光片發現頭骨骨折。

☐ 出現神經異常的症狀或惡化。

☐ 痙攣。

☐ 出現頭痛、噁心、嘔吐等症狀。

☐ 有凝血功能異常病史。

☐ 有非事故外傷（例如虐童）的疑慮。

＊註：除了以上幾個注意事項以外，高風險的機制也會納入評估考慮。例如是否從高處落下（高度超過 90 公分）、是否遭受高速或高能量撞擊等。對於外觀的評估還包括是否有大片的血腫（超過 3~5 公分）、非額頭處的頭部外傷（非額骨的部分較脆弱）、眼眶及耳後的瘀青（暗示顱底骨折）也需要特別注意。

Q. 孩子好像骨折了！

當孩子跌倒或撞到後，爸媽最擔心的狀況莫過於「是否有骨折」。即使表面沒有出現傷痕，但孩子痛到大聲哭喊或是患部腫脹成紅色或紫色，就可以懷疑骨折了。一旦骨折，需要花上漫長時間治療，特別是若因骨折而損害孩子的生長板，會造成生長障礙的風險，需格外注意。

➕ 疑似骨折時，要如何送孩子去醫院？

孩子狀況疑似為骨折時，需避免任意碰觸患部，選擇形狀及硬度合宜的物品做為固定板，如筷子、尺、木板、樹枝等物品，固定患部後以繃帶、領帶或圍巾包裹。

特別是患部在頸椎或腰椎時，千萬不要隨便移動孩子，請立即撥打119，由具備專業知識的急救人員協助處理。

SOS！
日常緊急狀況應對措施

　　當然，發生緊急情況最好直接送醫！身為父母的我們都不願意孩子遇上突發狀況，但意外真的發生時，為了能把握搶救的黃金時間，知道最基本的緊急處理方法有益無害，以下我收錄了相當實用的知識內容讓爸爸媽媽在第一時間能冷靜對應。

Q. 小孩燙傷了該怎麼辦？

兒童燙傷大部分都是在家裡發生，通常是因為在等待熱牛奶或熱水冷卻時孩子不慎拿取，或是洗澡時不小心碰到熱水等。

另外，火焰燒傷的傷勢會比滾燙液體造成的更致命，發生火災時，有很多案例是因為吸入煙霧或有毒氣體而死，尤其 4 歲以下的孩子因此死亡的比率為成年人的四倍。

【 燙傷送醫前的緊急處理方法 】

❶ 燒燙傷後要以流動冷水沖患部至少 10 ～ 20 分鐘。不可用冰塊、酒精、燒酒、奶油、油、或消毒藥水等物質塗抹傷口。

❷ 若是穿著衣服時被熱水燙傷，因為在脫衣服的過程中可能會造成二次傷害，請直接跟衣服一起沖冷水。

❸ 避免戳破水泡。特別是臉部、手部、腳部、會陰部等部位燙傷時，一定要及時就醫。

❹ 被電器灼傷時務必先關閉該電器的電源，並使用橡膠手套等絕緣體讓孩子遠離電器後就醫，禁止直接觸摸孩子。

Q. 孩子不知道吞下什麼東西了！

年幼的孩子不論看到什麼，本能的反應都會先放進嘴裡，像這類誤食異物的情況，通常好犯於 6 個月到 6 歲之間的兒童，所幸多數沒有症狀，而且通常都會在 4 ～ 6 天後自行排出，嚴重到造成胃腸穿孔的機會小於 1%。

當發現孩子把東西放進嘴巴吞下了，要先冷靜地弄清楚「吞了什麼、吞了多少、什麼時候吞下的」，若無法非常確定時，要帶著可疑物品的包裝一起前往醫院，讓醫生評估風險以及預防可能的併發症。

➕ 孩子誤吞不明固體時

首先要拍 X 光片確認腸胃裡有沒有異物，有時 X 光無法顯影出吞下的東西，若有需要會做電腦斷層檢查。需要考慮立即取出的情況包括出現呼吸道壓迫或嘔吐、腹痛等腸胃阻塞的症狀，或吞下尖銳物品、多顆磁鐵及金屬、電池、較大物體（長度超過 5 或寬度超過 2 公分）等。硬幣算是最常被吞食的異物，其中 10 元硬幣因為較大，也容易阻塞或不易自行排出而需要用內視鏡取出；而之前很紅的兒童玩具巴克球、水晶寶寶也發生過兒童吞食的意外，要請家長多留意。

➕ 孩子誤吞不明液體時

這時會依據液體成分判斷是否為危險狀況，如果是以下有害物質，或孩子已經出現嘔吐或全身無力等症狀，表現出不同平常的行為或症狀，皆應立即送診。要注意一點是，若不幸誤食常見於家中的浴廁清潔劑（強酸）及廚房清潔劑（強鹼），切勿在家中任意催吐，因為嘔吐過程中可能會二度傷害食道或吸入氣管。

【代表性有害物質】

❶ 強酸：浴廁清潔劑、鹽酸、硫酸、揮發油、殺蟲劑、漂白水、染燙髮劑等。

❷ 強鹼：廚房清潔劑等。

❸ 含有甲醇的產品：燃料用酒精、清潔劑、去漆劑等。

❹ 石油類：汽油、煤油、苯、甲苯等。

　　當確認孩子不是吞下有害物質後，可以先讓孩子少量多次喝水或牛奶，幫助該成分排出體外，並在家先觀察看看。當難以判斷液體成分，請向醫院或診所諮詢。

Q. 孩子氣管堵塞該怎麼辦？

如果孩子吞下異物後，不是進入食道而是進入氣管就是「超緊急狀況」，因為異物進入氣管導致氣管閉鎖，腦部就會開始缺氧，不僅會造成腦部受損，甚至會有生命危險。因此，必須隨時保持警戒，注意身邊有沒有以下會讓孩子吸入氣管導致窒息的食物或物品。若疑似有異物塞住氣管，無法藉由咳嗽而排出，造成孩子呼吸困難時，就要一邊進行緊急處理，一邊迅速送急診。

【 可能會吸入氣管而引起窒息的物品 】

❶ 硬幣：硬幣是最常見的異物，要放在孩子伸手無法觸及之處。

❷ 玩具的小零件：玩具的各種小零件也是代表性誤吞物品之一，因此應配合孩子年齡挑選玩具。

❸ 金柑糖：4 歲以下兒童建議吃棒棒糖來取代金柑糖。

❹ 口香糖或果凍：不只是硬的糖果，口香糖、小果凍或果凍飲料也很危險。盡量不給學齡前兒童食用。

❺ 顆粒狀食物：葡萄、堅果、豆類等顆粒狀食物也有吸入氣管的風險，在 3、4 歲前可用磨成粉的方式小心食用。

❻ 其他：鈕扣電池、鈕釦、珠子等圓形小顆物品務必保管在孩子伸手無法觸及的地方。

【1 歲以下嬰兒誤食的緊急處理法】

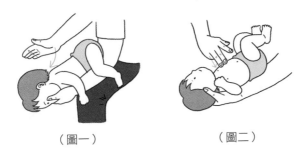

（圖一）　　　　　　　　（圖二）

❶ 讓嬰兒趴在家長前臂，頭朝下 60 度左右，家長的手臂放在大腿上支撐。用另一隻手的掌根在嬰兒肩胛骨兩側的縫隙間從下而上快速地敲打五次。（圖一）

❷ 若異物仍在嬰兒體內，讓嬰兒從 ❶ 的姿勢改為平躺，用一隻手臂支撐嬰兒的背部和頭部，另一隻手的兩根手指在胸骨部位往下壓約三分之一深，重複五次。（圖二）

❸ 持續重複 ❶ 和 ❷ 的兩個動作，直到吐出異物為止。萬一嬰兒已經失去意識，就讓嬰兒躺在地上進行心肺復甦術。在進行心肺復甦的過程中，需持續確認嬰兒是否在壓胸時吐出異物。

（圖一）　　　　　　　　　（圖二）

❶ 若孩子已經失去意識，請讓孩子在地上躺平，家長跪在孩子腳上，將一隻手掌的掌根放在肚臍和胸廓中間，另一隻手疊上去，從下往上推一樣按壓腹部五次（圖一）。若沒有恢復意識，就立即採用心肺復甦術。

❷ 若孩子意識清醒，請站在孩子身後抱住孩子，一手握住拳頭，另一手覆蓋其上，用 ❶ 的方法按壓腹部五次。（圖二）

❸ 採用 ❶、❷ 方法後，若在口腔內看到異物，請直接除去。如果異物仍未除去、造成呼吸不順，則需使用心肺復甦術。

Q. 如何進行心肺復甦術？

當孩子處於昏迷、呼吸和脈搏中止的狀態，首要動作為撥打 119 送往大醫院，為避免等待急救人員時錯過黃金時間，應立即進行心肺復甦術。

【在進行心肺復甦術之前】

❶ 請先向周圍的人求助並打 119。

❷ 用手指彈彈孩子的腳掌、輕輕晃動孩子的肩膀，同時喊著孩子的名字，確認他是否有反應。若頸椎疑似受損，請勿劇烈搖晃。

❸ 若按 ❷ 方法刺激之後依然沒有任何反應，可將臉或手貼在孩子的鼻子上，確認他是否還有呼吸，並確認肱動脈（未滿 12 個月）或頸動脈（滿 1 歲以上）的脈搏是否跳動。

肱動脈

頸動脈

❹ 若感受不到呼吸和脈搏，則進行心肺復甦術。

壓胸（30 下）➡ 暢通呼吸道 ➡ 人工呼吸（2 次）

壓胸 30 次及人工呼吸 2 次，如此稱為一個循環（30：2），要連續施作五個循環，時間約 2 分鐘，再重新確認脈搏及呼吸，中間盡量不要停止壓胸的動作。若是出生 1 個月內新生兒的急救，則壓胸換氣比為 3：1，1 分鐘評估一次。

❶ 壓胸：在兩乳頭連線的胸骨中央找到按壓點，用兩根手指（1 歲以下嬰兒參考圖一），或單手或雙手交疊以掌根（兒童參考圖二）向下，壓胸深度約胸部前後徑 1/3 深度（兒童 5 公分，1 歲以下嬰兒 4 公分），並參考以下口訣。

（圖一）　　　　　　　　（圖二）

・快快壓：每分鐘 100 ～ 120 下的壓胸速率。

・胸回彈：每次壓胸都要讓胸部確實回彈。

・莫中斷：盡量不隨意中斷壓胸。

❷ 暢通呼吸道：讓呼吸道保持暢通的過程。

• 壓額抬下巴法：一手壓住額頭使頭部往後傾，另一手抬起下巴。

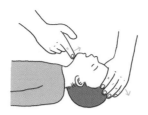

• 下顎推舉法：頸椎有受傷疑慮時，為確保呼吸道順暢，以雙手大拇指撐開嘴巴，讓嘴巴不會閉上。

❸ 人工呼吸：以口對口（mouth-to-mouth）呼吸法，吹兩口氣，每次 1 秒，使胸部起伏。

• 1 歲以下嬰兒：照顧者以口罩住嬰兒的口鼻進行。

• 1 歲以上兒童：捏住鼻子，只將氣吹入口中。

❹ 在 119 救護人員抵達前，請從壓胸開始重複心肺復甦術步驟。

Chapter
5

育兒生活 Q&A——
醫師爸爸的
溫馨提點！

　　大部分的人可能不知道小兒科也有淡旺季之分，因為不同的季節或是傳染病是否大流行會影響患者人數。在旺季（10 月至 12 月），醫生們每天只顧著看診，忙到連上廁所的空檔都沒有；而在淡季（1 月中旬至 2 月、7 月中旬至 8 月中旬），有時更像是醫生在等待患者。

　　一天中的不同時段也會有患者人數的差異，通常診所最多人的時候集中在早上，以及幼兒園下課的下午三點以後，而一個禮拜當中比較忙的日子通常是星期一、四、六。

　　我和許多小兒科醫生一樣，不管病人多寡都會認真耐心地問診，一一回答家長的提問。不過，如果候診室等待的患者漸漸變多，也會不自覺地變著急，結果可能默默地加快了看診的速度而不自知。

想要改善所謂「候診三小時，看診三分鐘」的常態，當然需要全體醫療人員的努力，但事實上在目前的醫療環境下存在著改變的限制，這是醫生個人再怎麼努力也很難克服的。因為現實就是，如果沒有一部分的醫療人員迅速地看完多數的患者，醫院將很難維持下去。

　　身為一個擁有 14 年經驗的兒科專家，同時也是到 42 歲才抱女兒的新手爸爸，我想藉由這一章分享在育兒現場的親身經驗，也談談在診間來不及說完的事。日常門診中，大部分的爸爸媽媽不敢耽誤忙碌的醫生太多時間，一定有許多懸而未問的疑惑，相信這章節的內容能一解爸爸媽媽心中的煩惱。

我孩子怎麼會這麼常生病？

　　許多爸媽曾經表示「孩子去幼兒園之前都很健康，不過開始上學後就不斷感冒，好像怎麼看都看不好」，深受其擾的家長也不得不懷疑是不是自己的孩子「免疫力太差了」。

　　我在診間很常遇到為此十分擔心的爸媽，甚至許多人不只是單純地討論狀況怎麼改善，還會將茅頭轉向「為什麼孩子的病好得那麼慢？」

　　通常我會解釋：「其實不是只有你的孩子。孩子們只要聚在一起，因為各種感染病菌就互相傳染，孩子才會一直生病。當感冒快要好的時候，可能傳染給別的孩子，同時也容易被別人傳染而產生新的感冒，所以看起來總是一直在生病，其實說到底跟孩子的免疫力沒太大關係。」

　　我一邊安撫著爸爸媽媽，試圖讓各位理解這樣的苦惱不是只有發生在自己的孩子身上，基本上是所有人都會碰到的過程。為了那些總是操心過度，認為自己的孩子常常在生病的家長，我為此整理了以下幾個問答。

Q. 常被病毒感染是因為免疫力太弱嗎？

孩子常染上感冒或腸胃炎等傳染性疾病，並不能完全代表孩子的免疫力太低。會得到傳染性疾病，與其說是免疫力的問題，應該說環境的影響更大。真要說起來，免疫缺陷疾病才是免疫力低下，而且比起來這樣的症狀更需要嚴正以待。

現在的孩子大部分會從 2、3 歲開始上幼兒園，更早的甚至從 1 歲就開始。好幾個孩子共處在同一空間裡不可避免會互相傳染病毒，所以不只感冒或腸胃型疾病，像是水痘、手足口症、流感都經常會反覆感染。雖然大部分托兒所的預防措施很徹底，但若要完全阻止病毒或細菌的傳播，光憑目前能做到的預防，其效果仍然很有限。

Q. 該送孩子上幼兒園嗎？

當然，從結果上來看，不送孩子去幼兒園就能減少群聚感染，確實能降低孩子生病的頻率。然而，許多爸爸媽媽權衡之後，比起長期待在家，還是會選擇送孩子上幼兒園。

我想，家長們應該要理解「孩子上學後容易生病」是常態，不只是自己的孩子，是所有孩子都會共同面臨的狀況。每位家長肯定都會在能力所及的範圍盡力照顧好孩子的健康，當孩子生病時，也都會妥善讓孩子接受治療，這樣就很足夠了，不需要讓自己過度擔心。

不可避免地，孩子的成長過程會經歷一段常常生病的時期，但我有把握，隨著孩子長大，生病的頻率會明顯降低。身為兒科醫生的我能如此發下豪語的原因，正是因為在我的經驗中，原本三天兩頭就來找我的小病患，隨著時間過去，會越來越少來診所報到。

Q. 有提高免疫力的方法嗎？

當孩子開始了團體生活，便暴露在許多傳染病毒的環境中，雖然孩子們都很容易生病，但仔細觀察肯定有些孩子病好的特別快，或是感冒的機率比較低，這就是受自體免疫力的影響。所以，以下我們來瞭解一下哪些方法能提高我們孩子的免疫力吧！

【 提高免疫力的方法 】

❶ 良好睡眠品質：睡眠不僅對孩子的身體發展、腦部發育有深遠的影響，也是決定免疫力高低的關鍵。除了生長激素外，在深度睡眠的階段，其他跟免疫力有關的荷爾蒙也會大量分泌。因此，為了提高免疫力，充足的睡眠時間和良好的睡眠習慣是非常重要的。

❷ 攝取均衡營養：也許這說法聽起來很老套，但提升免疫力最重要的關鍵正是營養。不僅要吃足蛋白質、碳水化合物、脂肪等必需營養素，還要均衡攝取含有維生素和礦物質的食物，這些都是能幫助免疫力增加的重要營養。

❸ 補充足夠水分：我們人體三分之二是水，尤其嬰兒體內水分占體重 75 ～ 80%。水能協助身體預防病原體並將毒素排出體外，是非常重要的角色。以健康的兒童來說，一天所需的水量是體重的 10 ～ 15%，而成人所需水量為體重的 2 ～ 4%，兩相比較就能知道兒童所需的水分比例是非常高的。因此，建議能從小就開始養成多喝水的習慣。

❹ 建立運動習慣：雖然孩子看起來已經活動力十足，不過讓孩子養成規律的運動習慣，不但能建立良好紮實的體力基礎，還能提高孩子的自體免疫力。可參考下列分齡建議，從小培養孩子規律的運動。

1 歲以下的嬰兒：幫寶寶按摩不僅能加強新陳代謝、有助生長發育，也能刺激負責免疫功能的淋巴管進而提高免疫力。另外，可以參加家長陪同的游泳課，讓寶寶套著游泳圈在水中活動是相當推薦的運動。

1 歲至 3 歲的孩子：經常跟孩子一起開心地玩耍吧，不管是互相丟球或是追逐遊戲等，也可以多多讓孩子參加兒童體適能的課程，目的是要讓孩子可以活動到出汗！

4 歲至 6 歲的孩子：至少要讓孩子可以每週 3 次、每次 1 小時，參與會流汗、加快呼吸的運動，不論是在家公園玩耍，還是固定上游泳課、跆拳道等運動課程都很不錯。假如距離許可，可以跟孩子散步或騎腳踏車前往運動場所。同時，請留意孩子看手機平板或電視等靜態活動的時間，建議限制在一天 最多 2 小時為佳。

另外，在這個時期也應該讓孩子學會一起收拾玩具，培養積極參與整理衣服、照顧植栽等家事的好習慣。

Q. 孩子可以吃紅蔘來提升免疫力嗎？

能否讓孩子攝取額外的營養品是很多家長常見的疑問，雖然無法一一回答哪些適合使用，不過大原則還是營養均衡為第一優先，如果真的想補充，建議 1 歲以後再開始補充較好，如果是錠劑的藥粒，建議在 4 歲後孩子能夠充分咬碎食物的年紀較適合。

例如在韓國很常見人蔘類健康補品。等級高的紅蔘主要成分是皂素、多醣體、苯酚等，其中與免疫力最有關係的成分就是多醣體。研究報告顯示，紅蔘的多醣體能有效活化我們身體的 NK 細胞（natural killer cell）和巨噬細胞。人蔘的粗根比細根含有更多的多醣體，其中六年根人蔘的含量最高，而且在將人蔘製造成紅蔘的過程中，多醣體的含量會增加約六成以上。

只要孩子沒有排斥、吃得開心，那麼我覺得讓孩子攝取兒童的紅蔘製品也很棒。偶爾會聽說有些孩子吃了紅蔘後不太好入睡，如果你的孩子也會有這樣的狀況，建議盡量在睡前 2 ～ 3 個小時食用。

Story 2

我家孩子不怎麼吃飯，有推薦的營養劑嗎？

「我家孩子正餐吃很少，想問醫生有沒有推薦的營養劑？」

每次爸爸媽媽在診間問我這類的問題時，我都會說：

「如果有可以取代正餐的營養劑，那就能得諾貝爾獎了！」

坦白說，我小時候也超討厭爸媽三餐都叫我好好吃飯，聽都聽膩了，偏偏我就是個挑食鬼。我以前常希望能用營養劑輕鬆解決一餐，省去一口一口咀嚼的麻煩，尤其我現在遇到一個跟我小時候一樣超級不愛吃飯的女兒，雖然她勉強還會吃水果和海鮮，但問題是她比起吃東西更喜歡玩，所以面對吃飯這件事總是興趣缺缺。也許我女兒現在也跟小時候的我一樣，為了趕快出去玩耍，想著能用營養劑解決就太好了。

遺憾的是，目前還沒有這種營養劑。事實上，營養劑只能提供某種程度的輔助，無法取代正餐提供的營養，因為不論營養劑成分再完整，營養價值也遠遠不如天然食物那麼充足。

若孩子不愛吃飯或嚴重偏食，我有幾點建議的大方向可以調整看看。例如「增加孩子吃飯的動機」讓孩子覺得「吃飯」是有趣的事；「讓孩子專心吃飯」全家人一同在餐桌吃飯，不分心看電視；「保持輕鬆愉快的用餐氣氛」避免在餐桌上責備或懲罰孩子；「鼓勵孩子自行用餐」養成孩子主動的能力；「講求均衡，不要求全部吃完」試著更換類似菜色以達到均衡攝取的目的，因為即使是大人也會有喜好厭惡的食物。

整體而言就是打造一個讓孩子覺得吃飯是愉快又幸福的用餐環境，以下詳細列出行動方針，各位可以試著做看看。

【家中如果有不愛吃飯的孩子，可以這麼嘗試】

❶ 讓孩子參與購買食材或料理的過程。

❷ 減少餐間零食，讓孩子能在正常用餐時間自然感到飢餓。

❸ 孩子的餐桌不放故事書、手機平板或玩具。

❹ 用餐時間不離開餐椅，爸媽不追著孩子餵飯。

❺ 如果孩子真的犯錯或拒絕吃飯，待全家用餐結束後再好好說明。

❻ 想讓孩子嘗試新食物時，可以從少量開始，變換不同的烹調方式。即使孩子可能排斥初次接觸的新食材，但有時經過一段時間後，孩子可能就會對它們感興趣，因此並不需要太灰心，只要耐心地讓孩子漸漸熟悉即可。

❼ 當孩子願意嘗試新食物時，積極給予正面的獎賞。

❽ 讓孩子看到爸爸媽媽愉快享受餐點的樣子。

❾ 限制用餐時間，在開動後 30 分鐘開始整理收拾。

我知道有些家長在吃飯時間都需要和孩子上演一場搏鬥賽，在此請接受我深深的敬意。但是，我們必須認知到——現在為了多餵孩子一口飯而付出的努力，有可能會帶來更痛苦的結果。

　　所以，與其執著在當下的一口飯，我們應該看得更長遠。試著減少吃飯時和孩子對立的情況，避免雙方對「吃飯」這件事只剩下壓力和痛苦的印象。事實上，當孩子拒絕吃飯的時候，果斷收掉碗盤的策略，很大的機率反而能讓孩子自動並積極地面對下一餐。

　　科學數據顯示，即使進食的量不多，一但超過 30 分鐘，大腦就會感受到飽足感，所以孩子才會失去吃飯的興趣。如果媽媽總是要追在孩子後面花個 1 小時把飯餵完，孩子下意識就會討厭吃飯的行為，而越吃越少。

　　因此，我建議吃飯時間一但超過 30 分鐘，就果斷地收拾餐桌吧！也可以嘗試在孩子拒絕媽媽精心準備的料理時，表示「沒關係！」並在孩子面前愉快地享用。因為媽媽果決態度，從長遠來看，能為矯正孩子的飲食習慣帶來更理想的結果。

Story 3

孩子的感冒一直沒好，
要換醫生看嗎？

不久前，我有一場關於育兒相關的演講，現場有人問我：

「如果孩子感冒過了一個禮拜都還沒好，要換醫生看嗎？」

我當下啞口無言，愣愣地看著問我問題的人。也許是因為我的眼神讓那位媽媽感到有點壓力，所以最後她默默地迴避了視線。我心想，還好這位媽媽的孩子不是我的患者，如果我的病患家長在公開場合這樣質問我，我肯定冷汗直流地想鑽地洞。

我最後回答「不太適合。中途換醫生更改處方，這對孩子是非必要的過程。感冒超過一個禮拜的確是個大難題，但不管怎麼樣，我不認為換醫生能立刻得到改善。」雖然我以「換醫生意義不大」為核心概念來說明，但後來常常回想起愣住的那瞬間，和不夠有說服力答案，就會鬱悶到想撞牆。

現在想想，說不定建議這位母親「換醫生」才能真的安撫到她。畢竟已經過了一個禮拜，正常人都會想換醫院，更何況是無法解決孩子狀況的小兒科醫生，不是嗎？如果我治療的病童一直遲遲未痊癒，家長轉而找別的醫生，我確實也無話可說。簡單來說，選擇哪一家診所、哪個醫生的決

定權完全在家長身上。

但是我想申明的是「感冒超過一個禮拜還沒好」並不是一個不信任醫生的好理由。實際上，有許多的感冒症狀會持續一週以上，如果每次都要換醫院，所有醫院都輪一次可能都不夠。我認為，讓爸爸媽媽想換醫院看的原因不該是「感冒一個禮拜了還沒好」，而應該是「醫生無法清楚說明孩子的狀況」，讓家長無法清楚理解病程。

【 感冒症狀超過 1 週，通常是下列的情況 】

❶ 單純的病毒性感冒（上呼吸道感染）有症狀超過 1 週以上的情形，尤其容易發生在 3 歲以下的兒童身上，但是通常會在 1 週左右開始有好轉跡象。

❷ 如果咳嗽或流鼻涕等症狀持續超過 1 週或是變得更嚴重，就要懷疑是不是鼻竇炎、支氣管炎或肺炎等細菌性合併症，需進行必要的檢查或加入抗生素等適當的治療措施。

❸ 如果感冒伴隨發燒持續 3 ～ 5 天，或是突然燒起來、完全退燒後又發燒，就要確認是否有其他的合併症。

❹ 如果病童是過敏體質，感冒症狀是可能會持續超過 1 週。事實上，過敏性鼻炎或氣喘等過敏疾病會因病毒感染而惡化。

如果醫生完全沒有說明發病過程以及治療方法，每次只是開同樣的處方，也沒進一步確認是否可能罹患其他合併症，這時候考慮換醫生就十分合理。不過，如果醫生已經盡到說明的責任，也根據病情階段採取適當的措施，那麼請家長耐心等待，尤其是孩子已經開始服用抗生素的治療階段，千萬不可擅自中斷。

醫生在診斷的過程，大部分都是進行「經驗性抗生素治療」。基於時間與病況的原因，沒辦法每次都完成病原培養檢查才決定下一步治療，即便是在設備齊全的大醫院也會考量病原檢查要耗費的天數，更何況在資源不足的診所或偏鄉地區更會遭遇執行的困難，所以通常醫生都會先採取經驗性抗生素治療。

經驗性抗生素治療是指，綜合評估病童的年齡、生活環境、疾病類型、病史、各時期流行疾病等許多要素，推測出何種抗生素最有效，然後選擇該抗生素來使用。換句話說，第一次選擇的抗生素有可能會不適用於該疾病。因此大部分的醫生會先嘗試第一種抗生素，然後觀察兩三天後的治療反應，決定是否更改抗生素。不過，萬一家長這個時候因為孩子症狀沒有改善而決定要換醫生，那麼第一位醫生將失去確認治療反應的機會，如此孩子可能也面臨過早或無謂的換藥。

當然，如果第一次選擇的抗生素治療反應良好，那真的非常值得慶幸。不過，醫生並不是神，很難在每個情況都能一下就找到最恰當的選擇。所以我希望當醫生真誠的說明病情，而爸媽也感受到醫生想治癒孩子的決心時，可以信賴醫生並給療程一點耐心。

Story 4
寫給早產兒爸媽的
簡易指南

　　我到了不惑之年才結婚，女兒彩淵在我 42 歲時來到世界上，是 32 週又 5 天就誕生的早產兒，出生時體重只有 1960 公克。比預產期提早 51 天誕生的她，出生時仍然發出了宏亮的哭聲，也許是媽媽羊膜破水後，她在媽媽肚子裡練習了 57 個小時的結果。不過，從她離開母親溫暖子宮的那瞬間，就要憑著自己羸弱的身軀戰鬥，當時看著她我心裡感到萬分不捨。

　　那時，我腦中不斷出現「新生兒壞死性腸炎、新生兒呼吸窘迫症、核黃疸、腦出血、早產兒視網膜病變、感染輪狀病毒……」這些早產兒身上可能有的併發症，讓我真的很想將這些知識從大腦連根拔除。儘管我很常故作泰然地跟早產兒父母說「很多比彩淵更早出生的孩子，出院後都健健康康地長大了。」但在我身體裡面躲著一個極度擔心女兒的爸爸，因為自己累積太多醫病經驗而蜷縮不安。

　　不過，真的很慶幸的是，彩淵正平安健康、活力充沛地成長著。在新生兒集中診療室住了 4 週後，我女兒沒有特殊異狀平安出院了。過沒多久，成長數值也來到了正常範圍，就跟同齡的足月兒一樣，雖然開始上幼兒園後經常感冒，但也不算太嚴重，這真的是我打從心裡非常感激的事，讓我

能更有自信地向其他擔憂的爸爸媽媽說「我女兒比你的孩子更早出生、出生時體重更輕，但她現在非常健康地長大喔！」

以下我也根據我的親身經驗，整理了一些早產兒的相關知識。

所謂的早產兒，又名「未熟兒」，是指離媽媽最後一次月經不到 37 週就出生的孩子，以下說明統稱早產兒。

出生時體重小於 2500 公克的嬰兒稱為「低出生體重兒」，其中有三分之二的嬰兒是早產兒，另外的三分之一是因為在子宮內生長遲緩造成的。其中又可細分，若體重小於 1500 公克稱為「非常低出生體重兒」；體重小於 1000 公克稱為「極低出生體重兒」。此外，以妊娠週數與體重的關係來計算，嬰兒體重在同胎齡同性別平均體重的第 90 百分位以上，稱為「大於胎齡兒」；嬰兒體重在第 10 到 90 百分位，稱為「適於胎齡兒」；若嬰兒體重在第 10 百分位以下，則稱為「小於胎齡兒」。早產兒因妊娠週數未滿，所以呼吸器官、心血管、胃腸系統、神經系統未發育完成，有很高的機率發生問題，而且早產兒更容易受到病菌侵襲而感染。

Q. 早產兒在新生兒加護病房接受什麼治療？

在台灣，由於醫療非常發達，因此也有不少產婦選擇在診所或婦幼醫院生產，這些地方不一定附設新生兒加護病房或病嬰室，萬一新生兒出生後有照護需求時，通常會被轉送到設有這些單位的中大型醫院去。

在新生兒加護病房的寶寶，會一邊透過點滴吸收水分和營養，以及用胃管喝奶，一旦健康狀態和體重到達一定的水準，就會開始訓練以口進食。此外，病房護理師 24 小時皆會密切注意嬰兒的血壓、脈搏、呼吸、血氧濃度等，同時給予需要的治療與處置。若發生呼吸困難的狀況，會使用人工呼吸器治療或提供氧氣讓孩子在保溫箱調整體溫。也會針對貧血、黃疸、電解質以及是否感染等做各項檢查，再依據結果進行相關治療。

❶ 盡量每天來看寶寶。向護理師確認孩子的狀態，並定期跟主治醫生會面，詢問關於往後的治療計畫。

❷ 固定帶冷凍母乳給寶寶。初乳的蛋白質含量高達 10%，含有豐富的 IgA、乳鐵蛋白和白血球，對預防新生兒感染有非常大的幫助。母乳不僅好消化，還能降低壞死性腸炎發生的風險。

❸ 練習出院後照顧孩子的方法。

【寶寶能離開新生兒加護病房的條件】

❶ 矯正年齡　需達到妊娠週數 35 週以上。

❷ 體重需達到 1800 ～ 2100 公克。

❸ 體重需每天穩定增加 30 公克。

❹ 能以口喝奶且呼吸順暢。若嬰兒無法以口進食或存在醫學上認定的缺陷，家長能透過教育訓練後順利用胃管餵奶，也達出院條件。

❺ 在非保溫箱的開放性嬰兒床上能維持體溫。

❻ 5 天以上沒有發生呼吸中止或脈搏過低的情況。

❼ 不需透過針管攝取藥物，能吞口服藥。

❽ 所有主要的醫學問題皆解決。

註：出生後年齡（choronological age）為從出生日開始算的年齡；矯正年齡（corrected age）為由預產期當天開始算的年齡。矯正年齡可以用來評估早產兒生長跟發展的情況是否符合年紀，通常只會用到 2 歲，因為一般而言出生後 2 歲內的早產兒都應該能趕上同齡孩子的發展。

❾ 居住的家庭環境適合嬰兒。

【 離開新生兒加護病房後的檢查 】

❶ 出生體重小於 1500 公克的嬰兒，以及 1500 ～ 2000 公克接受過氧氣治療的嬰兒，都要接受早產兒視網膜篩檢。

❷ 接受聽力檢查。

❸ 置入臍動脈導管的嬰兒需測量是否有高血壓。

❹ 需檢查血紅素或紅血球的容積評估是否有貧血。

❺ 需檢查黃疸數值。

❻ 需進行腦部超音波檢查，確認腦室內出血或周腦室白質軟化症。

【 離開新生兒加護病房後的照護 】

❶ 務必按時報到早產兒的視網膜、腦部超音波等預約檢查日。

❷ 預防接種配合出生後年齡來設定劑量，並非矯正年齡。早產兒的疫苗注射請依據預防注射表按時接種，目前卡介苗為出生後 5 ～ 8 個月完成，B 型肝炎疫苗為出生後體重達 2000 公克就盡快接種。另外，台灣針對出生懷孕週數小於或等於 30 週、或患有慢性肺疾病之早產兒、或 1 歲以下患有血液動力學上顯著異常之先天性心臟病童，符合上述情況之一者健保給付施打西那吉斯（可預防感染呼吸道融合病毒），接種與否可與主治醫生討論。

群聚感染大魔王
——腸病毒

　　每年花朵凋謝，進入一片綠意的夏天之際，總會有一個兒童傳染病會固定出現，那就是——腸病毒。雖然大部分的孩子在感染後 3 ～ 5 天就能恢復食欲和退燒，不過康復前的那幾天對孩子而言真的非常痛苦。想想光是嘴巴有一個破洞就夠難受了，更何況都是伴隨著滿滿的水泡潰瘍，持續在口中蔓延的灼熱感會讓孩子多麼難受啊？看著被腸病毒纏身的孩子，對爸爸媽媽而言也是個沉重的過程，除了要照顧被高燒和疼痛折磨的小孩，有時還要承受孩子上不了學的責難。

　　腸病毒好發於 6 歲以下的嬰幼兒，由於病毒能透過呼吸道散播 1 ～ 3 週、糞便則可散播 7 ～ 11 週，傳染力極高，即便托兒所或幼兒園徹底清潔了，仍難以完全阻擋病毒擴散，就算患病的孩子症狀已經消失，還是具有傳染的可能，這部分光憑觀察和隔離是很難完全杜絕，因此在幼兒園經常出現集體感染的情況。幼教老師務必對此保持高度警戒，只要看到有孩子手腳起小疹子，就要毫不猶豫地帶去小兒診所檢查。

　　一旦確認罹患腸病毒，台灣政府機關通常建議應該居家隔離 1 週，且退燒至少 24 小時後才能再去上學，各縣市衛生單位會根據腸病毒是否為

流行期間修正隔離或停課規定。此方式已經在台灣施行多年，目前看來防堵腸病毒大流行的效果似乎不錯。

話說回來，即使我們生活在科學技術高度發達的尖端時代，但依然還有很多人類無法征服的領域，醫學疾病也是如此。在小兒疾病中可說是相當常見的腸病毒，目前仍尚未有相關的治療藥劑，也因為病毒型態相當多樣、變異很大，所以非常難成功研發疫苗。就現況而言，我們無法完全隔絕腸病毒，所以各托育機關和民眾只能遵照疾管署的方針，在能力所及的範圍內盡最大限度的預防。

其實醫生在面對腸病毒時常常感到無力，因為我能替孩子做的實在太少了。但我認為醫生的至少能讓大家正確理解這個難纏疾病的特性，協助所有人做出最好的應對措施。

Q. 可以為被腸病毒所困的孩子做什麼？

原本健健康康、乖乖吃飯的孩子，突然不願意吃飯且出現發高燒、有氣無力等症狀，通常就要懷疑是否被腸病毒纏身了。腸病毒相當多種且分類複雜，不同年紀感染後引起的症狀也相當多元，不過感染後常見有兩大表現，分別為「咽峽炎」及「手足口病」，前者只有口腔症狀，例如口腔內水泡或潰瘍，後者除了口腔症狀還加上了皮疹症狀，通常出現在手、腳、屁股、膝蓋等位置，偶爾可能拓展到軀幹等廣泛部位，需要臨床醫師詳細檢查及判斷。

儘管目前沒有藥劑能治療腸病毒，但還是能服用讓孩子退燒、減輕疼痛的藥物。針對口腔潰瘍，因為患部位置通常在口腔後半部，不易塗抹藥膏，加上患童通常年紀較小也不建議使用漱口藥劑，因此臨床上常使用口腔消炎止痛噴液劑，例如含有苯基達明（Benzydamine）的噴液劑。但更大的問題是孩子沒辦法吃東西。

我自己也得過一次腸病毒，所以很清楚，嘴巴會痛到實在吃不下。而且不只是吃東西或吞口水時才會痛，就算什麼都沒做，還是一直會有灼熱感，想要閉上嘴巴都很困難。這個時候吃冰涼的東西能大幅降低潰瘍帶來的疼痛，所以即便是日常的禁忌甜點「冰淇淋」也讓孩子暢快地吃吧！或是用一口粥、一口冰輪流進食也可以。

　　此外，也需要注意補充水分。如果孩子依然強烈拒絕吃飯，為了維持孩子的身體機能，或許可以考慮打點滴或住院。

該怎麼拿捏孩子看螢幕的時間？

　　最近有個新詞彙是「手機智人（Phono Sapiens）」，意思是「智慧型手機孕育的新人種」。正如這詞所說的，我們孩子的生活跟我們小時候完全不一樣，現在的時代已經因為智能科技的發展，使得生活不可能完全切割科技產品。而這些新人種把智慧型手機當成身體一部分，如果家長強硬地讓孩子隔絕 3C，就會像過去朝鮮國攝政公興宣大院君厲行閉關鎖國政策，固執地拒絕西方科學技術、斷絕通商往來一樣不合時宜。

　　雖然智慧型手機或平板電腦對孩子有害的證據隨處可得，但孩子仍需一定程度的接觸，這是無法避免的。在這樣的現實基礎上，我們該煩惱的不是一味禁止孩子，而是要找出他們能適當且聰明使用的方法。

【避免 3C 成癮的使用指南】

❶ 爸爸媽媽瞭解孩子的觀看內容很重要。盡可能在孩子身邊一起看，若能和孩子聊聊影片內容更好。

❷ 若發現有兒童不宜的內容，請封鎖頻道並推薦孩子適合的影片。

❸ 孩子還沒有足夠能力分辨真假虛實，所以難以判斷影片的妥當性，就照著影像中的內容模仿。若爸爸媽媽發現不恰當的行為應該要跟孩子仔細解釋，把握這個機會分享家庭和社會的正當價值觀。

❹ 建立孩子觀看影片時間和內容的規則。專家建議，孩子們每天觀看影片和遊戲的時間不超過 2 小時為佳。

❺ 提醒孩子使用 3C 產品時需保持正確的姿勢。盡量不要躺著、趴著，或是脖子前伸。

❻ 不讓孩子在吃飯或睡覺前使用 3C 產品，尤其不建議在寢室使用。

其實，爸爸媽媽的以身作則就是最好的使用指南，當家長能聰明節制地使用 3C，孩子們耳濡目染後也會自然地效法。

Q. 在餐廳吃飯時，如果孩子吵著要看手機影片？

即便家長立下了吃飯時間禁止看影片的規則，但如果孩子在氣氛靜好的餐廳裡，大聲哭鬧要看《碰碰狐》，這時會發生什麼事？我想一定會感受到其他桌客人投向自己的眼光，那股炙熱的眼神簡直讓人背部直冒汗。雖然想要貫徹規則，但在可能會干擾其他人的情況下，也不得不破例。

當無奈違反「吃飯不看影片」的規定時，其實爸媽只要訂一條新規則就好了──「只有外出吃飯的時候才能看影片」，如此一來，心情也跟著舒坦起來。

說實話，全世界的爸媽都難免會在餐廳讓孩子用手機看影片。法國有位作家卡洛琳（Mademoiselle Caroline），曾經寫過一本書，名叫《懷孕！沒有你想像的那麼簡單》（暫譯）。她在受訪時也提到：

「法國父母為了讓孩子們保持安靜，讓孩子更輕易地黏在 ipad 上。」

　　這樣看來，連在教養上十分重視孩子規則的法國爸媽也跟我們一樣面臨差不多的困境。我想，偶爾讓規則保持彈性也未必是件壞事。

面對哭泣的嬰兒
我該怎麼做？

　　只要是養育過孩子的人，一定遇過孩子哭鬧不止到令人無奈的時刻。比如說，還不到吃飯時間寶寶卻哭天搶地，這時你會很猶豫到底要不要餵奶；或者孩子半夜醒來放聲大哭，哭到整棟樓都要被吵醒了，你卻因為不知道怎麼安撫他而跟著崩潰。

　　照顧嬰兒最重要的問題，說穿了就是「餵奶」和「睡眠」，對父母而言決定「要讓他繼續哭還是滿足他」真的是不容易的課題。特別是毫無育兒經驗的新手爸媽，不禁常常陷入煩惱。

　　尤其大家所持的意見都各不相同，有些長輩會說：「不能讓孩子哭。」也有鄰居媽媽說：「就算孩子在哭，也要把媽媽放在優先順位。」有人看了許多教養書後反而更混淆，因為每本書的主張不盡相同，有的書說「孩子哭了之後要立刻回應、幫忙解決問題，才會形成好的依附關係。」也有的書會說「孩子哭了也要讓他等一會兒，延遲滿足他的慾望。」

　　如此一來，孩子哭的時候究竟該怎麼辦呢？

　　隨著時代的發展，育兒哲學的潮流也跟著變化。關於「該不該讓孩子哭」的想法同樣也經歷了一番轉變。在 2010 年年初，所謂的「依附教育」

蔚為風行，「聽到哭聲時要立即反應」的主張得到許多支持。

「依附教育」認為，孩子出生初期的安全依附，對孩子的智力和情緒發展有決定性的影響，這理論基礎是源有英國精神分析家兼精神科醫生約翰·鮑比（John Bowlby）提倡的依附理論。

約翰·鮑比認為，孩子在 2 歲以前若沒有建立安全依附的關係，可能會對孩子的發展造成永久性的傷害，而這傷害是無論做任何補償都難以彌補的，到了成人階段很有可能出現性格缺陷或是罹患精神疾病。當孩子想要跟媽媽形成依附關係，但媽媽這邊沒有準備好或是沒有表現出適當的反應時，孩子就可能會感到「部分剝奪」或「完全剝奪」。

在當時，「依附教育」這關鍵字對韓國媽媽們的影響力相當重大。媽媽不管累不累，那時應該可說是把「建立和孩子的安全依附」視為地球上的首要目標吧？也就是說，比起媽媽，當時更強調以嬰兒為中心的犧牲媽媽型教育。韓國媽媽對於教育的執著，在全世界當中，他們說自己第二的話就沒人敢說是第一了，所以「依附關係對孩子的智能發展有決定性的影響」這句話更讓韓國媽媽們戰戰兢兢。

隨著「依附教育」在當時得到高度的支持，稱為依附起始點的「哺育母乳」也變得非常神聖。在整體社會氛圍下，媽媽們為了增加母乳量所使出的最終手段就是服用藥物（實際上當時許多媽媽來看醫生都是拜託醫生開促進母乳分泌的藥物），這同時也讓餵配方奶的媽媽承受莫名的罪惡感。

後來，在 2013 年，政府開始實施育兒補助後，育兒趨勢開始出現變化。為孩子孤注一擲的犧牲媽媽型育兒已經讓媽媽們疲憊不堪，她們決定告訴社會獨自養育孩子的痛苦，同時大家開始願意把孩子送到幼兒園。更多人支持並相信，與其讓媽媽獨自承受育兒重擔，每天至少將孩子交給專家照顧幾個小時，對孩子才是更好的方式。

美國的新聞記者兼三個孩子的母親潘蜜拉·杜克曼在 2012 年出版了

《為什麼法國媽媽可以優雅喝咖啡，孩子不哭鬧？》。這股法式教育旋風登陸韓國，「媽媽要幸福，孩子才會幸福」這種「以媽媽為中心的教育方式」成為嶄新的育兒風潮。雖然至今關注的熱度已經消退，但目前為止暢銷的法國教養書都寫著：「不要在孩子哭泣時立刻反應，要讓孩子學會等待。」他們主張：「要讓孩子透過挫折領悟到，不會因為哭鬧就能得到想要的。」這些內容跟依附教育提出的方針完全相反。

而這也是讓我們感到最混亂的部分。光是面對嬰兒哭泣的問題，想法就會因為時代不同而有一百八十度轉變，所以究竟該配合哪種說法，實在令人摸不著頭緒。雖然可以就一味地照著大家做的方式，但總讓人感到心裡不踏實。因為就算現在這樣的做法廣受大家好評，也難保這就是真正的正確答案。

從我的立場和經驗來看，教育孩子時最重要的核心就是以下兩點：

1. 區分需要和想要！

需要：缺乏維持人體所需要素的狀態。
想要：滿足需要的具體手段。

這兩個概念就是經濟學的用語，在消費和行銷方面都有重要的意義。若肚子餓狀態是「需要」，那麼為了解決飢餓而想吃漢堡的行為就屬於「想要」。把這概念帶入照顧寶寶的狀態就會得到下列答案。

需要：寶寶處於飢餓的狀態。
想要：想要喝奶、吸奶。

所謂「想要」不一定只會發生在有需要的地方。換句話說，雖然寶寶真的會因為肚子餓而哭（需要），但有的時候他雖然不餓卻會因為想吸東

西而哭（想要）。如果我們能夠正確區分孩子的需要和想要，也許就能讓我們從兩難的困境中解脫。也就是如果能區分「寶寶是真的肚子餓到受不了才哭的」還是「只是想吸吮而哭」，那麼就能立即針對他「因需要而哭」的部分採取反應，不但能滿足建立依附關係的條件，同時也能知道孩子狀態是否為「為了追求非必要的慾望而哭」讓他能學會等待。這是一個折衷的育兒方式，推薦大家試試看。

2. 傾聽媽媽的母性本能！

然而，「區分需要和想要」的方法也有可能遇到難題，就是「無法分辨需要和想要」。尤其對新手媽媽而言，一開始根本不知道如何判斷孩子是餓哭還是單純想哭。不過，也不需要過度擔心，因為只要慢慢累積和寶寶的相處時間，久了自然就明白了。

坦白說，我們已經過度仰賴專業知識來教育孩子了，其實動物並沒有特別學習就憑本能養育小孩，而人類當然也擁有強大的母性本能，只不過被我們慢慢遺忘了，反而下意識都是向網路或育兒專家尋求答案，這樣的習慣和做法十分容易讓媽媽對教養孩子失去信心。

「育兒是感性、是本能。閉上眼睛、傾聽內心的聲音吧！照著那聲音說的去做吧！那就是答案！」

——康乃爾大學人類學教授，梅雷迪思，斯莫爾（Meredith Small）

憑藉自己的本能，專注聆聽內在的聲音，相信自己「最後一定會找到一條路」。正因為你是媽媽！

Story 8

有沒有辦法
不讓孩子吸手指？

「該從什麼時候開始戒斷孩子吸手指的習慣呢？」

當家長諮詢時提出這個問題，其實我這個醫師爸爸心裡想著，自己可是看著女兒吸手指直到 3 歲才想到要認真面對處理，當下可說是有些羞愧。不過，就算我的孩子沒有吸手指的習慣，這個問題也沒有標準的正確答案。

另外，關於戒斷吸手指的方法，過去許多爸媽嘗試在孩子手上纏繃帶，或是塗苦藥在手指上等等，結果都不算太成功，除此之外，目前醫學上也沒有任何實證有效的方式。但為了避免發生牙齒排列異常或手指變形的嚴重後果，可以參考以下建議，試著讓孩子逐漸減少吸手指的頻率。

Q. 不讓孩子吸手指的最佳時機？

嬰兒時期吸手指是每個孩子都有的本能行為。但我遇過幾個家長非常苦惱孩子吸手指的行為，即便他們的孩子都還沒有滿 1 歲，我覺得這個煩惱來的太早了，除非孩子吸到手指出現多個傷口，或是嚴重潰爛，才需要開始採取應對措施，否則不需要把這件事看得太過嚴肅。

根據理論，吸手指是一種自我安慰的方法，因此讓習慣吸手指的孩子透過其他方式擁有開心愉悅的情緒，自然會減少吸手指的頻率。有些專家建議讓孩子的手忙碌於其他事物，可以減少吸手指的機會。不過，如果是出於緊張、不安等而有吸手指的行為，其實到成人期可能還是會存在，因此若是較大的孩子，可以跟他們溝通看看，用其他方式來緩解想吸手指的衝動。

Q. 我的孩子要吸手指才睡得著，怎麼辦？

　　有些孩子，日常生活中都能忍住吸手指的衝動，但睡覺前還是習慣一定要吸手指才睡得著，已經養成這種睡眠儀式的孩子很難在短時間內改變習慣。所以，如果吸手指真的有助於入睡，建議目前就允許孩子這個無傷大雅的習慣吧。

餵奶是一件艱鉅的任務

「聽說我是緻密型乳房，所以奶水才出不來。」

我老婆那個時候在月子中心第一次被按摩乳房後，告訴我這個發現。我聽到這句話後上網搜尋，看到有相當多媽媽在產後記錄裡提到，因為自己是緻密型乳房，所以餵奶時遇到困難。不過，我進一步查找相關資料後，發現東方女性大部分都是緻密型乳房（乳腺組織較多、脂肪組織較少的乳房）。所以，如果緻密型乳房是造成餵奶困難的原因，那麼大部分的東方女性應該都會經歷相同困難。

總之，不論老婆是不是因為緻密型乳房才有奶水困難，看到她為了餵女兒喝奶而孤軍奮戰的樣子讓我十分心疼，老婆日夜都必須跟吸乳器搏鬥，哪怕只想多擠一滴也好，同時在媽媽懷中的女兒也滿頭大汗地拚命想再多喝一口，而我只能在一旁著急，因為擔心孩子沒力氣吸奶，甚至還想過要先幫孩子吸。至少我能做就是買一台免持吸乳器，起碼那幾個小時老婆可以輕鬆一點，空下來看看書或滑滑網拍紓壓。

許多專家大力強調母乳的優點，各種育兒書籍和網路資料也鼓吹要餵嬰兒喝母乳，並提供了各種方法。我也不例外，過去的我就是極力鼓勵餵

母乳的專家之一。不過看著老婆和女兒後，我領悟到，每個方法和技巧並非對所有人都行得通，而建議或鼓勵餵母乳的行為也可能被解讀成是一種變相暴力。

我同意，從各方面來看母乳都是最棒的，不管再怎麼好的配方奶粉都比不上母乳。沒有比能成功給孩子充足的母乳更好的事了。但是我們必須要承認，並不是所有媽媽和小孩都能成功做到全母乳，還有，母乳也只不過是一種選擇罷了。

絲毫不考慮現實困難的「母乳至上主義」，是一道堅立在有母乳困難的人或是不適合餵母奶的人面前的高牆，也限縮了其他選擇。只要盡力嘗試過了就好，根本沒必要因為無法餵母乳而感到抱歉和挫折。混合餵奶的方式可以讓孩子獲取母乳和配方奶兩種好處，就算只喝配方奶的小孩大部分也都很健康地長大，甚至有的人還比只喝母乳的孩子長得還快。

總之，我現在認為與其要求媽媽餵母乳，更重要的是媽媽和孩子都能在幸福又滿足的狀態下哺乳，才是兩全其美的作法。

1. 餵母乳的理想方法

餵母乳最重要的就是時機，理想的狀況就是每次寶寶發出肚子餓的信號時就餵奶。當寶寶開始吐舌頭、嘴巴發出咀嚼聲，或脖子轉來轉去，像是在找乳頭的樣子就是肚子餓了，如果沒有即時餵奶，寶寶會發出「哼哼」的聲音發脾氣然後哇哇大哭，所以最好趁他開始發脾氣或哭鬧前餵奶。我知道新手媽媽可能很難及時辨認出寶寶的信號，但給自己和孩子一點時間，相處夠久就能自然領悟。

寶寶要喝夠母乳才能睡個好覺。也就是說，喝得飽足、睡眠充足才能成長茁壯。出生後 1 個月內，最好定下 3 小時左右的規律餵奶計畫，而且必須慢慢增加每次喝的量，把孩子的胃養大、拉長餵奶間隔，寶寶和媽媽才會越來越輕鬆。

以下提供統計的「各月齡餵奶次數」參考，並不需要完全照做，只要注意每次寶寶發出肚子餓的信號時，能獲得足夠的奶水才是關鍵。

各月齡的建議餵奶次數

月齡	出生後一個月	兩到三個月	四到六個月	六個月以上
餵奶次數	一天八到十次	一天六到七次	一天五次	一天四次

2. 餵配方奶的理想方法

跟餵母乳的原則相同，就是在寶寶飢餓時給予充足的奶水，並逐漸增加每次的奶量來拉長餵奶的間隔時間。不過，餵配方奶可以精準地計算奶量，所以更可以制定有規律的餵奶計畫。另外，使用適合該月齡的奶嘴和奶粉很重要，建議要搭配孩子的月齡調整。

各月齡的建議餵奶次數

月齡	奶量 / 次	餵奶次數	每天喝奶量
出生到半個月	60~80mL	一天七到八次	600~700mL
半到一個月	80~120mL	一天六到七次	700~800mL
一到兩個月	120~160mL	一天六次	800~900mL
兩到三個月	160~180mL	一天六次	900~1000mL
三到四個月	180~200mL	一天五次	1000mL
四到五個月	180~200mL	一天五次	1000mL
五到六個月	200~220mL	一天四到五次	1000mL
六到九個月	200~220mL	一天四次	800~1000mL
九到十二個月	200~220mL	一天三次	600~800mL

從表格中可以觀察到，六個月以上寶寶的營養來源會開始加入副食品，所以奶水量與次數反而下降而非上升了。其實，無論是哺餵母乳或配方奶的原則都是按照寶寶的需求出發，因此上述的時間跟奶量都只是參考。只要寶寶一天的換尿片次數達 8 次以上、有良好的成長速度、不因飢餓而哭鬧，就表示有滿足到寶寶的需求了。

3. 混合餵奶的理想方法

若是因母乳不足或有其他原因選擇混合餵奶時，可能會依據兩者比例而出現不同的餵奶進程，可按照下方建議並配合孩子需求做適當調整。

母乳不足的混合餵奶：為了維持每次一致的餵奶量，建議先餵母乳後再用配方奶補足奶量，比起一次母乳、一次配方奶的方式更容易計算。

母乳充足的混合餵奶：當有其他原因選擇混合餵奶時，盡量讓母乳和配方奶的奶量一致，也維持固定的間隔時間。

Q. 嬰兒常吐奶，該怎麼辦？

吐奶大多是因為孩子喝太急，或是一次喝太多，由於小嬰兒連接胃和食道的括約肌發育尚未完全，所以容易發生吐奶的情形。大部分的嬰兒會隨著月齡的增加而逐漸好轉，不過有時候到了翻身期會短暫地變嚴重。

為了避免奶水倒流，記得餵奶後要幫助寶寶順利打嗝。當寶寶一下子吃得太急，就應該先暫停或先打一次嗝後再繼續餵，如果打嗝後還是常吐奶，可以抬高寶寶的上半身，傾斜 45 度來緩解症狀。若是孩子每次進食都吐奶，導致體重沒有明顯增加，那就一定要去看醫生接受諮詢治療。

副食品的簡單要訣

　　當寶寶第一次含下盛裝米糊的湯匙，那瞬間會帶給父母相當珍貴的悸動和喜悅，不過，接下來爸爸媽媽將要面臨嶄新的育兒課題——「副食品」。先別提預備食材和料理的繁複過程，每次加入了一項新的食材，孩子就會有不同的反應。有的時候用心準備的餐點仍會被孩子無情的拒絕，那絕對不只是傷心兩個字可以形容的。就像這樣，副食品對家長和孩子而言都是一項巨大的挑戰，是育兒過程中不可避免的魔王級關卡之一。

　　要從爆炸般的資訊和食譜中挑出最適合孩子的料理，真的不是件容易的事。大部分的媽媽在準備副食品之前，會多方蒐集資訊努力準備。有些極富野心的媽媽甚至會像營養師一樣，以克為單位記錄食材、擬定菜單，連分量和卡路里都計算在內，然後按照計劃製作副食品。但即便努力收集了需要的資料，製作時想要依樣畫葫蘆又是另一個難題，尤其副食品期不是三天兩頭就結束的階段，而且也無法保證其他媽媽的菜單也適用於自己的孩子。因此，比起照著別人的方法，你更需要找到適合自己的模式。

1. 副食品對孩子的重要性

寶寶出生滿 4 ～ 6 個月後，母乳或配方奶能供給的營養就不夠了。水分含量較高的母乳和配方奶沒有足夠的熱量和蛋白質，礦物質含量（鈣、鐵、銅、鋅、維生命 D 等）也難以滿足身體所需。因此，應該要開始攝取半固體食物來補充養分。

這個時期是寶寶長牙的時期，要透過咀嚼來刺激牙齦、促進唾液分泌，提升消化能力。也就是說，要在孩子吃副食品的期間逐漸增加食物的硬度，咀嚼與消化力才能越來越發達。另外，藉由多樣化的味道建立孩子的味覺基礎，還能讓原本只熟悉母乳或配方奶等單一食物樣貌的嬰兒，透過體驗各種食物香氣、顏色、形態、觸感、溫度等來增加辨識能力。

在進入副食品階段後，孩子坐在餐椅上使用餐具用餐，這個過程可以促進身體和精神發育，很重要的一點是，這個階段的進食模式是建立未來良好飲食習慣的基礎，所以建議盡量讓孩子在規律的時間、固定的地點吃飯。

2. 開始吃副食品的適當時機

基本上開始吃副食品的時機與成熟度有關，包含孩子頭部能夠直立及做到基本的軀幹控制，可以靠著嬰兒椅背坐下，當孩子滿足這些條件且對眼前的食物發生興趣的時候，就代表寶寶已經進入可以吃副食品的階段了。可參考下列寶寶口腔的發展時期，選出最適合的時機開始。

哺乳期：**寶寶 6 個月以前，吸吮功能旺盛。**

執行期：**寶寶 4 ～ 8 個月大，長牙、可吞下固體食物。**

成熟期：**寶寶 6 ～ 12 個月大，可用牙齒或牙齦咬斷食物。**

一般我會建議讓寶寶在 6 個月前開始吃副食品，否則可能會發生營養不良的狀況。另外，早產兒依據發育程度延後一兩個月開始也無妨，不一定要用矯正年齡來決定進入副食品的時間。

3. 書上的菜單僅供參考

市面上有許多育兒書提供孩子進入副食品的進程與做法，我相信那些內容皆具有珍貴的參考價值，因為新手爸媽能從專家和其他家長身上獲得從生命經驗累積而來的技巧。如果爸爸媽媽有信心能執行書上的副食品菜單當然值得一試，不過，如果因為書中步驟過於繁瑣而難以完成，也不需要太執著於書中的內容而灰心。

每個寶寶進入副食品的過程差異不小，而且每個人的食欲和喜好也不可能一樣，所以比起照著別人定下的菜單，更要考慮到孩子的特質和進展速度，量身打造屬於他的菜單。即便沒有詳細的食譜也沒關係，只要遵守基本原則，且能配合自己孩子的方式就可以了。

4. 攝取營養是最大前提

許多媽媽在餵孩子吃副食品時，都會提到他們很擔心孩子出現過敏反應，有時會反而大幅限縮了孩子嘗試新食材的機會。當然，預防過敏是很重要的一件事，但讓寶寶攝取到足夠的營養更為重要。試著依以下原則一一檢查，就可以減少擔憂，讓孩子多多嘗試新的食物吧。

【預防過敏的飲食基本原則】

❶ 4 ～ 6 個月寶寶食用副食品初期，一次提供一種食材。食材的量從一湯匙開始，再逐漸增量。

❷ 加入新食材後，保留 3 ～ 7 天來觀察嬰兒的反應，如果孩子出現皮膚起疹子、腹瀉或嘔吐就要暫時停止食用，建議過兩三個月後（或 1 歲後）再重新嘗試。

❸ 堅果類或甲殼類建議 1 歲後再嘗試。

❹ 雞蛋需為全熟蛋，建議 1 歲前只食用蛋黃的部分，1 歲後再吃全蛋。

❺ 如果發現嬰兒對兩三種以上的食物都出現過敏反應，要透過皮膚過敏原測試或血液檢查，來瞭解需要注意的食材。

【 副食品的基本原則 】

❶ 確認料理過程以及食物保存的衛生，儘量不添加鹽、糖等調味料。

❷ 加熱冷凍的副食品時，建議隔水加熱到略高於體溫的溫度。用微波爐加熱後，先充分攪拌再餵食，避免食物受熱不均而燙到。

❸ 和母乳一樣，解凍過的副食品禁止再冷凍。

❹ 副食品可以取代奶水當作正餐，在不減少副食品的前提，也不需要特別限制奶水的攝取。建議在孩子 6 個月大後把奶水當作點心，副食品當作正餐，一般而言建議 9 個月大以後的孩子應該一天當中有兩餐副食品較為理想。

※ 註：此為作者建議，可供參考。其實目前除了一歲前不食用蜂蜜以外（潛在的肉毒桿菌毒素汙染）並沒有特別限制那些副食品不能吃。包含全蛋、海鮮、堅果其實都可以，當然必須注意全熟食、顆粒大小、果核、硬刺等入口性問題。另外，一歲以後可以飲用滅菌過的鮮奶。

5. 親子都享受過程很重要

寶寶從米粥開始練習咀嚼直到能跟大人吃相同的食物，這過程肯定會歷經許多挫折，為了不讓受挫的心情影響孩子面對食物的態度，在練習副食品的階段，我們要讓孩子感受到「吃的喜悅」，所以這個過程最重要的課題，就是寶寶和媽媽都能保持心情愉悅。

為了讓副食品階段能成為愉快的體驗，我希望爸爸媽媽能用靈活的態度，找到讓自己執行起來不疲憊、更貼近現實的副食品菜單，避免在過程中累到無法承受。假如寶寶一開始對副食品很抗拒，可以嘗試更換容器和食器，或加入些微調味料看看。只要記得，最重要的就是讓吃飯時間成為讓所有人都感到愉快的一件事。

6. 買市售的副食品也沒關係

大多專家和育兒書都鼓勵爸爸媽媽要親手製作副食品，但如果家長沒有充分的時間，或者製作副食品的過程對自己而言實在辛苦到難以駕馭，倒不如買市售副食品，更能在吃飯時間有精神並愉快地面對孩子。使用市售副食品好處正是減少爸爸媽媽時間和精神上的轟炸，稍微獲得喘息的空間。我的建議是在需要觀察過敏原的初期盡量親自料理，一一添加食材，中後期就可以選擇市售的副食品。不過，還是由各位衡量自己的情況和條件，選擇最適合的方式即可。

我也來試試法式教養？

　　2010 年年初，韓國掀起了一場法式教養的討論，現在雖然熱潮已退，但走進書店還是能看到許多法式育兒相關的書籍。引起這場潮流的是美國新聞記者兼三個孩子的媽──潘蜜拉・杜克曼所出版的《為什麼法國媽媽可以優雅喝咖啡，孩子不哭鬧？》。事實上，聽說這本書在媽媽心中依然是首屈一指的必讀書籍。

　　《為什麼法國媽媽可以優雅喝咖啡，孩子不哭鬧？》是以散文寫成的一本育兒指南，而非一般的百科手冊，相較於提供具體的方法，這本書的內容提供的是一套育兒哲學。作者以一個在紐約生活的媽媽視角觀察法式教養，寫下美國中產階級的育兒問題與觀點，然而韓國媽媽在教養投入度也絲毫不輸給紐約媽媽，所以這本書順理成章地成為韓國媽媽重新思考的契機。

這本書提出的育兒方法中最核心的關鍵詞是「Attend」和「Non」。

Attend：等一下、停下來。

Non：不行、絕對不行。

「等一下！」和「不行！」是我們帶孩子的過程中時不時會掛在嘴邊的命令句，而這本書花相當多的篇幅在說明許多情況應該要更堅決一點。不過，令人遺憾的是，現實生活比書上的場景還複雜許多，以下來看看兩個生活案例。

【場景1】餵奶時間還沒到，寶寶卻因為肚子餓而大哭，如果媽媽對著孩子說「等一下」繼續放著讓他哭的話……

老公：你都不哄孩子是在做什麼呢？趕快去看！
婆婆：你怎麼可以讓孩子一直哭？不能讓孩子哭那麼久！

媽媽想讓孩子學會「等待」，但如果其他家人，特別是老公或婆婆不配合，就變得不容易執行。其實現在的年輕爸爸們大多都很聽老婆的話，但是不論有沒有跟婆家一起住，婆婆的干涉都很容易造成糾紛。我在診間也常聽到媽媽們說因為跟婆婆的意見相左而備感壓力。

【場景2】孩子想要媽媽買「粉紅豬小妹」玩具組，賴在百貨專櫃的地板上不起來，如果爸媽直接說「不行」然後不理他的話……

雖然家長想堅決地說不行，但如果孩子在人潮眾多的公共場合搗亂，當下也無法作視不管。

法國和亞洲國家不同，他們對於教養已經達成了社會共識，若場景轉

換到亞洲，例如韓國父母要向孩子喊出「Attend」和「Non」就會跟傳統的育兒價值觀有所衝突，而這種衝突不單是彼此認知不同的衝撞，也會由我們內在的糾結引發。

像是「法式教養法讓孩子學會忍耐和等待，結果他長大變成只會考慮別人、自己東西被搶走也沒關係的人，在社會上被欺壓怎麼辦？」或是「我一直拒絕他，會不會讓他沒自信，到哪裡都畏畏縮縮地在意別人臉色？」

因為我們的孩子不是生活在從容、悠閒的法國社會，而是在分秒必爭、忙碌奔波的競爭社會中生存，所以會有這種擔心是理所當然的。那麼，難道就沒有方法能化解在育兒問題上遇到的價值衝突，同時維持我想遵守的育兒原則嗎？

其實，方法可能出乎你意料地簡單，那就是，不要照單全收地使用法式教養，而是從法式教養和現實社會中間尋找折衷的辦法。

【 場景 1 的解決提案 】

雖然很多育兒專家主張，全家人應該呈現一貫的教育態度，但我覺得沒有這麼絕對，因為家中所有長輩口徑一致地嚴屬，似乎不一定能帶給孩子好的影響。

我認為，一個家只要有一個人負責扮黑臉就夠了。對孩子來說，需要有一個對象是令人敬畏的，但同時也需要讓孩子放心依賴的後盾。扮黑臉的人可以是爸爸或媽媽，也可能是阿公阿嬤。如果可以的話，最好是由跟孩子相處時間最長的家長來扮演黑臉的角色。

在我們家，扮黑臉的人是媽媽，我對女兒來說就像好朋友一樣。除非是非常特別的情況，例如孩子要做出危險的行為時，否則一般情況都是媽媽負責制止和教訓。

當然站在母親的立場，可能會對於自己負責扮黑臉感到不太開心，會想說如果每天都對孩子發火，孩子討厭媽媽的話該怎麼辦？我可以保證的是，孩子雖然會害怕但最愛的一定還是媽媽，孩子不喜歡被媽媽責備，但也不會記恨在心上。

扮黑臉的人首要課題就是要擅長控制自己的情緒，而且當扮黑臉的人正在教育孩子時，其他家人要暫時保持距離、離開現場，這是相當關鍵的一點。另外，也不需要太過擔心祖父母的介入會破壞教育的一致性。我女兒和媽媽單獨在一起時，通常會表現出乖乖聽話的樣子，但只要去奶奶家，撒嬌的功力就會大增，調皮到讓我們講不出話來的地步。但這些都只是暫時的，過幾天後就會回到本來的樣子。因為爸媽就像孩子的港灣，孩子多少會稍微脫離，但不久後一定會再回到自己的位置。

【 場景 2 的解決提案 】

我們都知道，孩子要明白不是哭鬧就能得到想要的東西，也不該讓孩子耍賴的行為變本加厲。在我的想像中不管孩子有沒有哭鬧，爸爸媽媽都該先冷處理，等待孩子收拾自己的情緒。但是，若在公共場合，就無法不管三七二十一放任孩子影響他人。

每當我女兒在外面哭鬧時，我會先把她抱到別的地方跟她說：「是因為你哭，我才不買給你的！」無論如何，只要能順利度過那一個瞬間，孩子就會冷靜下來收拾自己的情緒。接著，就試圖轉移孩子的注意力吧！處理情緒是教養的第一優先，但爸爸媽媽也要注意不要為了處理當下的情緒而說出不會做到的承諾喔。

當孩子在耍賴時，爸爸媽媽絕對不能驚慌失措或動搖，這是相當關鍵的一點。我以一個小兒科醫生的身分觀察，大部分孩子也知道當他哭得越大聲越能得逞。我女兒很清楚哭鬧是無法輕易騙過我的，所以她聽了幾次「是因為你哭，我才不買給你的！」後，就採取了下個撒嬌和說服的策略。

她會露出一個全世界最可愛的表情，充滿愛意地說：「好朋友有艾莎的水瓶，我可以買一個嗎？」被融化的我某天不自覺就搜尋起艾莎水瓶。透過這機會我才知道女兒說服的技術比耍賴的技術更上一層樓，這也算是一大收穫。我曾經在某個節目上看到，每當孩子有想要的東西，我們可以透過這機會讓孩子練習說服父母。我想，等女兒再大一點的時候，我們家也可以試試看。

　　我認為法式教養最大的優點就是，不把孩子當成父母的附屬品，而是尊重他是一個獨立的個體。我們可以學習在武斷限制和威權下執行嚴厲的教育的同時，也要相信孩子能自己領悟並耐心等待。

　　做父母的出於關心會太急於介入孩子的領域，想幫他們完成太多的事情。其實孩子能自己理解的部分比我們所想的還要多更多，他們正以自己的速度尋找自己將來要走的路。「要等待孩子自己領悟、等待他自己收拾情緒後做出行動！」也許比起孩子，等待反而是父母們更需要學習的課題。我想說的是，放下擔心吧，你有多愛他就要多相信他、等待他。

排便訓練真的有效嗎？

　　我女兒彩淵超過 30 個月時，我開始有些著急，因為雖然她已經能熟練地坐在馬桶上小便，卻很抗拒大便。即使我趁她坐在馬桶上尿尿時，一邊對她說：「你用力喊一聲『嗯』然後試著大臭臭看看！」一邊示範肚子用力的樣子，女兒卻覺得我在開玩笑然後模仿我「嗯～」。

　　「聽她講話，已經像是一個長大的孩子了，怎麼還在穿尿布？」媽媽脫口而出的一句話讓我更著急。再加上，聽到她托兒所的同學都已經戒尿布了，讓我心中的競爭意識開始騷動，繼而在腦中浮現的是關於孩子排便訓練方法，所以我遲遲無法對「進度落後」的女兒放寬心。

　　韓國教育家洪彰義，同時也是首爾大學榮譽教授，在他的書中討論過孩子如何學會大小便。他說：「在神經系統成熟後，兒童能隨心所欲控制大小便。大部分的兒童是在 18 個月到 2 歲之間開始練習在馬桶上大小便。學會大便是在 29 個月（16 到 48 個月的範圍）左右，學會小便是在 32 個月（18 到 60 個月的範圍）左右，因此學會小便之前會先學會大便。每個人學會大小便的時機有相當大的差異，家庭因素也會影響，所以很難斷論哪個時期前學會才是對的，但標準大概是出生後 3 年內能學會在馬桶大便，女孩 5 年內、男孩 6 年內能學會小便。」

過去我在準備小兒科醫生考試時，這部分可說是背得滾瓜爛熟，成為專科醫生的醫生生涯中，診療與育兒諮詢也都忠於教科書的內容建議。

因此，我跟老婆說應該要按照書上寫的，18個月開始就要進行排便訓練，也拜託幼兒園老師一起幫忙。老婆也許是因為無法忽略我這位專家的意見，面對這樣焦急的我絲毫沒有露出不悅，就從倉庫拿出小姨子給的兒童馬桶座和階梯椅凳放在臥室廁所。從那天開始我們就讓女兒進行正式的排便訓練。

幸好彩淵沒有拒絕坐在馬桶上。嘗試過幾次後，她在早上起床後和晚上睡覺前一定會坐在馬桶上尿尿，進步速度相當驚人。過沒幾天，她已經進步到晚上睡覺時幾乎可以不包尿布。聽到幼兒園裡跟她同班的五個孩子裡只有彩淵可以坐在馬桶上尿尿，讓我十足驕傲，我有預感，依照這種速度，應該很快就可以不用包尿布了。

但這預感純粹是錯覺。因為她雖然常坐在馬桶上尿尿，但還是只能在尿布上大便。漸漸地除了早晚我費力帶她到馬桶上廁所的時間外，大部分的時候她都在尿布上解決。最後，某天我聽到從幼兒園傳來的壞消息：她開始拒絕在馬桶上尿尿。我頓時全身無力，陷入深深的混亂中。

我腦中不斷想著「為什麼和教科書教的不一樣？書中明明寫，小孩子是先學會大便再學會小便……平均滿29個月的小孩都可以在馬桶上大便了，為什麼彩淵已經30個月還學不會？是不是哪裡有問題？」老婆好像讀出了我的心情，跟我說：「幼兒園老師說，彩淵好像對排便訓練感到很有壓力。叫我們耐心等待，給她多一點時間。」我想了想，也不得不承認是我太急了，所以決定先退後一步。

某天晚上，彩淵著急地喊著：「爸爸！大便、大便！」我又驚又喜地立刻抱起彩淵奔向臥室廁所，然後迅速將兒童馬桶座和椅凳擺好，讓彩淵坐在馬桶座上。經過一陣折騰後，「啪」地掉出一塊粗粗的大便。

漫長等待後終於看到彩淵第一次成功坐在馬桶上大便，我開心到快飛起來，喜不自勝。甚至還把大便拍下來傳給父母和岳父母看。不過，彩淵在回應爸媽的歡呼的同時，不知為何看起來沒有很開心。她可能是覺得從自己身上跑出來的巨大大便很神奇，回頭看著馬桶，接著她呆呆地從口中說出：

　　「但是這樣好痛喔！」

　　原來那次是彩淵在尿布上大不出來才跑過來找我，但我不知道就把她放在馬桶上，結果在她的腦海中形成了「在馬桶上大便很痛」的認知。從那天之後，她好一陣子都拒絕坐在馬桶上。

　　之後又過了兩週，我在上班時收到了老婆的訊息，說彩淵再次成功在馬桶上大便了。我問老婆：「她怎麼願意再次嘗試在馬桶上大便？」

　　老婆回答說：「昨天她大在尿布上的時候尿布破掉了，但我故意沒讓她脫掉，只是穿低一點。結果她大腿沾到大便，廁所地板也弄的都是。」換句話說，老婆故意讓彩淵對在尿布大便留下不好的印象，所以喜歡乾淨的彩淵對於這種大腿沾到便便的不愉快經歷自然會覺得非常不舒服。結果隔天就真的乖乖地坐在馬桶上大便。雖然第一次嘗試失敗，但我們稍微迴避一下，過不久她自己專注在大便上，結果就成功了。

　　「媽媽果然不一樣！」在老婆面前只能俯首認輸。我不得不老實承認，媽媽既聰明又清楚地掌握孩子的個性和特質，這樣量身訂做的計畫比爸爸在教科書上學到的更有效果。我強硬執行排便訓練對彩淵的學習究竟是助力還是阻力，這點我不太確定。我甚至想過，是不是我再多忍耐、多等待一下，也許就能讓彩淵更愉快地在馬桶上大小便。

　　在我們醫院附近的兒童福利機構裡有位長年照顧孩子的院長修女，她說過自己不會故意讓孩子們進行排便訓練。就算不額外訓練，時機到了孩子自然就會了。我透過女兒這次的經驗，也看著身邊各種實際案例，越來

越讓我懷疑排便訓練是否真的有必要，或者說這是否真的有助於孩子學會大小便。

我的意思不是完全排斥排便訓練，但起碼需要消除孩子對坐在馬桶上的抗拒感。因為，如果孩子長期拒絕坐在馬桶上大便，便可能會演變成躲避父母的視線排便，或故意忍著不大便，而導致慢性便祕的發生。父母只能介入到一定程度，否則帶著要讓孩子儘快在馬桶上大小便，想擺脫尿布的慾望，只會帶給孩子壓力。

只要讓孩子知道坐在馬桶上大便是更舒服、更快樂的行為，這樣就夠了。像是彩淵媽媽故意製造孩子對尿布不舒服、不愉快的記憶也值得嘗試。不管用什麼方法，都要耐心配合我們孩子的喜好和特質。這是因為，育兒的領域沒有正確答案，當然坐在馬桶上廁所這件事，每個孩子學習的方式也不盡相同。

Story 13

帶孩子一起
出國旅遊的準備

　　想帶孩子出國旅遊，該準備的前置作業可不少。而且如果孩子體質很容易生病，就需要做好各種準備以面對緊急情況。因此，起碼在出發的4～6週前就要和常看的小兒科醫生討論，再按部就班地整理的相關物件。

Q. 新生兒多大可以上飛機？

　　長榮航空允許出生 7 天以上的嬰兒搭機，中華航空則允許出生 14 天以上的新生兒搭乘，國外大部分的航空公司的規定也都差不多。這是因為出生不到 7 天的新生兒體溫調節不穩、肺功能不成熟，難以適應與地面不同的機內環境。如果真的因為不得已的情況需要帶出生不到 7 天的新生兒搭飛機，可能要額外經過航空公司的批准程序。

　　基本上 2 歲以下的嬰兒，會提供不佔位的嬰兒票，當一名成人旅客帶著兩名嬰兒，則須購買至少一張提供座位的兒童票。每張嬰兒票能攜帶一部摺疊式嬰兒車、攜帶式搖籃或安全座椅。每家航空公司網站都有嬰幼兒搭機的指南，可以考量相關條件和優惠，讓旅行更便利安全。

Q. 出國旅遊的緊急備用藥物？

解熱鎮痛錠：專門治療發燒及疼痛的布洛芬（Ibuprofen）或乙醯胺酚（Acetaminophen）。

感冒藥：如果經常感冒，建議不要準備綜合藥物，而是針對鼻水、鼻塞、咳嗽等單一症狀準備藥品。

腸胃藥：能緩解腹痛或嘔吐的處方腸胃蠕動調節劑（例如 Mebeverine 美必胃、buscopan 補斯可伴）和減輕腹瀉的止瀉劑（例如瀉必寧 Hidrasec、舒腹達 Smecta）。

過敏藥：起疹子或被蚊蟲叮咬時，能用來緩解搔癢和紅腫的藥物。

抗生素藥膏：傷口或皮膚因感染出現膿瘡時能緊急處理的藥膏。

OK 繃：準備一組可處理傷口的 OK 繃和濕潤敷料。如果有游泳計畫，最好準備防水的 OK 繃。

防蚊液：去蚊蟲很多的地區的必備品。

【和孩子一起出國旅遊前需確認的清單】

❶ **國外旅遊保險**：無論旅遊時間長短，都建議至少要在出發前一天購買國外旅遊保險。一旦人在國外，便無法購買國外旅遊保險，所以出發前請先仔細閱讀保險細節，選擇合適的商品。

❷ **過往的病史資訊**：如果孩子有特別的病史或健康上仍有疑慮，要向主治醫生索取孩子的醫療簡歷英文版，並備妥充足的藥品。

❸ **預防接種**：要準備出國的兒童都必須按照預防接種時程表完成疫苗接種。如果有尚未完成接種的疫苗，需在旅行前 4 ～ 6 週完成。到特殊地區旅行時，也要額外接種該地區相關的疫苗。關於國外旅遊相關的疫苗

資訊可在疾病管制署的旅遊醫學專區查詢。

　　另外，在國外旅遊主要造成重傷或死亡的原因是傷害和交通事故，因此到時需特別注意安全。而罹患感染症的主因多是吃下受汙染的食物，建議要飲用礦泉水，並在衛生有疑慮的地區避免食用冰塊。最後，到蚊蟲較多的國家務必使用防蚊液。

讓小兒科醫生的價值發揮到 100% 的祕訣

　　最近小兒科診所遍地開花，如果對這間不滿意，過條馬路或是一兩個街口就可以找到其他診所，雖然看似選擇很多，但實際上要找到百分之百滿意的醫生並沒有想像中容易。許多家長會在自己的社區走一圈就為了找到合意診所，或是在媽媽社群爬文各間小兒科的評價，這些現象多少能感受到媽媽們選擇小兒科的困擾。尤其不可能大老遠跑到離家很遠的診所就診，在社群中的內容也有很多並非單純分享，而是摻雜廣告性質的資訊，讓一切更加困難。

　　總而言之，找到滿意又適合的小兒科醫生就像找到完美的結婚對象一樣不容易，因此我建議，我們來改變思維看看。

　　換個角度想「雖然沒有特別滿意目前的兒科醫生，但如果能讓這位醫生發揮最大價值，應該就能得到更令我滿意的治療結果吧？」與其為了找到合適的醫生而耗盡心力和時間，現在就讓我來告訴各位幾個訣竅，能百分之百發揮現在孩子看診的小兒科醫生的價值，讓你們在療程更安心。

1. 請先單純告知症狀

很多時候當醫生問「孩子是哪裡不舒服？」會聽到爸爸媽媽直接回答「小孩感冒了」。其實，釐清症狀後下診斷結果是醫生的重要職責，而為了讓醫生能更準確的判斷，爸爸媽媽只要單純說出「症狀」就行了，例如「流鼻涕一整天」、「好像發燒了」等等。

2. 盡可能仔細說明症狀

面對醫生問「孩子是哪裡不舒服、什麼時候開始不舒服、怎麼不舒服的？」有些家長會有點不耐煩，草草回答。事實上，問診是非常重要的診療過程。尤其孩子無法自己清楚說出是哪裡、怎樣不舒服，所以治療時絕對需要家長說出清楚的資訊。因此，最好是由跟孩子朝夕相處的人來跟醫生仔細說明病童的症狀。若交由不常陪伴孩子的照顧者帶孩子來看醫生，請先聽第一照顧者充分說明，並將症狀記在紙上後帶至診所，或是在問診時跟第一照顧者通話確認，這些都是不錯的方法。

3. 請盡量掌握好症狀變化

我在問診時發現許多家長搞不太清楚孩子生病的時間，常常是沒頭沒尾回答「他一直都在感冒！」如果是這幾天生病的還可以理解，但是有些狀況是孩子已經不舒服大概兩三週了，或過幾個月又回診，這時我請爸爸媽媽仔細地回想，才發現大多是因為出現了新的症狀才來看醫生，並非上次症狀的延續。

已經在讀托兒所或幼兒園的孩子感冒稍微好轉時，常又會被其他感冒傳染，所以家長才會覺得孩子一直在生病，如果醫生沒有得到比較具體的症狀變化，就很難準確地診斷和開立處方，因為要瞭解在接連不斷的感冒

中是什麼時候復發或惡化，醫生才能制定適當的治療計劃。因此，請家長更仔細地掌握孩子的症狀後告訴醫生，包含什麼時候好轉、惡化，以及其他症狀的改變。

4. 多加善用智能手機

有些時候症狀難以用言語說明，或者可能是短暫出現後就消失，可以用手機拍下照片或影片來給醫生看，這樣對診療有很大的幫助。有些記錄發燒、腹瀉、嘔吐等病歷或餵奶日記的 APP 也是很棒的資訊整理幫手。另外要提醒，如果在診間想留下過程記錄，請事先徵求醫生的同意。

5. 等醫生說明後再提問

如果醫生還沒說明完，就先受到家長的提問攻勢，醫生的心情也會變得急躁。在聽取醫生說明的過程中簡單提問是無妨，但希望可以在醫生說明完之後再詢問，因為這樣醫生才能比較從容且完整地回答問題。

6. 請相信醫生跟你是同一陣線的隊友

有時候家長一著急就會苦苦逼問為什麼孩子病都沒好，其實聽到像這樣的逼問，醫生會感到非常灰心。因為不論是抗生素，還是針對特定症狀的藥物，第一次按經驗選擇的藥物必然有失敗的可能。

第一次診療後的一到三天內要再進行追蹤觀察，與其說是期待完全好轉，不如說是為了觀察第一次治療的反應。所以經過第一次診療並服用完藥物後，即使孩子的病情依然沒有好轉，也盡量不要太苛責醫生或是匆匆轉院治療，希望大家能給負責的醫生更多的時間與機會。換句話說，不著急地以一次的診療和藥物來判定醫生的實力，建議至少要先觀察兩三次診

療後的結果後再判斷。如果不把醫生當成評價的對象，而是一起解決孩子面臨的問題的夥伴，那就再好不過了。

7. 歡迎提出意見而非指令

我們都知道醫生和家長都會為了病童康復拼盡全力，所以歡迎家長對治療提出意見，然而，否定醫生的意見或是提出近乎指示的要求是一件為難人的事。

因為家長最瞭解病童狀態，所以醫生一定會採納爸爸媽媽反應，但基本上需要貫徹醫生的判斷和想法來治療，也就是說，即使有時會吵起來，醫生有義務要努力說明並說服家長，引導治療往正確的方向前進。

8.「沒事的」取代「對不起」

很多家長在診間安撫孩子時都會一直說「對不起！」甚至還有奶奶當著孩子的面說：「不哭了，醫生壞壞！」然後拍我的大腿或肩膀，這讓我覺得醫生好像就莫名變成了欺負孩子的罪人。我們要釐清「就診」不是要傷害孩子，而是幫助生病的孩子，爸爸媽媽也應該讓孩子清楚知道這個觀念。所以，請各位家長在安慰孩子的時候盡量不要說「對不起！」而是告訴他「沒事的」。

9. 對疾病要有一定程度的認識

如果家長對疾病有充分的認識，診療過程就能順利許多。基本上在看診時醫生都會好好說明，但對於孩子常常遇到的疾病，若有無法清楚理解的部分，就毫不猶豫地向醫生提問吧！雖然有的家長會事後透過網路做功課或詢問身邊的人，但與其收集未必正確的資訊，我覺得善加利用孩子的

小兒科醫生是最好的。因為醫生的責任不僅是正確地診斷和治療，也有義務要向病患說明，幫助大家理解病程。

10. 請務必要相信兒科醫生

我相信包含我在內的兒科醫生每天都在為所有病童盡最大的努力，若這個時候病患與家長展現出相信醫生的態度，並遵照醫生指示治療，會讓醫生感受到充分的信賴感，讓整個治療過程更順利。

當然我知道醫生應該先表現出能讓人信服的態度和實力，但如果第一次來找我的家長是帶著不信任的眼神看著我，我也會下意識地感到畏縮，難以自然展現親和力和醫術。

所以希望你們能放下懷疑和戒心，為了讓醫生百分之百發揮原本的價值，請用信任和積極的態度來面對醫生，彼此建立可靠的醫病關係是很有幫助的力量。

致重症兒的家長

　　過去站在醫生角度的我，假如病童隔三天回診時病情好轉了，我心裡會感到十足的激勵，但如果病情沒變化或甚至加重，會使得我拼命地想找出解答。原以為這已經壓力夠大了，但在我成為一名父親後，我的身分不再是那個隔三天才見到孩子的醫生，而是三天都要守在生病的孩子身旁、睡眠不足的爸爸，這時我才終於體會到父母看到孩子生病時的心情……。我相信所有的爸爸媽媽肯定都經歷過許多突發狀況，好比孩子突然整夜發高燒，而好幾天徹夜未眠一邊努力照顧小孩，一邊焦躁煩惱。

　　雖然我的孩子是早產兒，但其實算是蠻健康的。即使如此，當她因為鼻塞而不舒服時，我的胸口就好像被塞住一樣無法呼吸，如果孩子又加上咳嗽的症狀，那疼痛的感覺似乎會傳遞到我的心臟。我光是發現孩子些微不適的訊號，精神狀態就已經非常不穩定，更何況看到孩子生重病的父母，該有多難受呢？

　　當我在診間看到孩子身上有大型手術的痕跡或罹患過重大疾病的病史，我也會不知不覺正襟危坐。尤其我看著那些爸媽面對因先天性疾病或是後天因素導致患有殘疾的孩子全心全意照顧的模樣，我不禁會從心底深處湧出敬意。所以我想利用這個章節，傳遞真心誠意的鼓勵訊息給他們。

「照顧重病孩子的父母們，我真的很尊敬你們，而且很感謝你們！」

上面這段話也是寫給距今三四十年前，某對因為孩子罹患嚴重的過敏性氣喘，導致三天兩頭在小兒科和急診室進進出出的父母，他們為了照顧孩子，無數個夜晚都無法闔眼。尤其是那位媽媽，因為孩子平躺在床上時會呼吸困難，常常要整夜背著孩子倚著床柱，而且為了讓孩子按時吃藥，每天都在小學教室前等待正在上課的孩子。當那位媽媽整晚聽著孩子快要喘不過氣的聲音，她的心情究竟是如何呢？

照顧罹患嚴重小兒氣喘孩子的那兩位正是我的父母。

曾幾何時，我後悔自己為什麼要考入醫學院，因為我覺得醫學院不適合我，再加上我覺得自己根本不適合當醫生。不過，既然已經踏上這條路了，我便試圖從另一個角度轉換想法，努力成為一名理想中的好醫生。我想，陪伴我度過兒少年時期的各種大小疾病，就是我成為醫生的契機，這一切安排都是為了讓我明白如何成為更好的醫生而預定好的吧……

「致我最尊敬的爸媽，謝謝你們把病得那麼厲害的我栽培成這樣體面的大人。我會用從兩位身上得到的愛來照顧我的病童，並且成為每位病童家屬都能感到溫暖和支持的醫生。」

| 參考文獻 |

本書醫學術語根據韓國國立國語院《標準國語大辭典》及 MiraeN 出版的《洪彰義的小兒科學》內容。

主要參考圖書：《洪彰義的小兒科學（第 12 版）》安孝燮、申熙英著，MiraeN 出版社，《Nelson Textbook of Pediatrics》（Edition 21）ELSEVIER，《小兒科診療（修訂第 9 版）》洪彰義著，高麗醫學出版社出版

主要參考資料：韓國國家健康情報站，醫學資料庫

台灣廣廈 國際出版集團
Taiwan Mansion International Group

國家圖書館出版品預行編目（CIP）資料

史上最實用!沒人教的0-6歲育兒全解答：兒科醫生爸爸寫給你的第一本SOS幼兒完全照護手冊，從新生兒保健、常見病症、意外狀況到生活習慣養成全收錄/郭宰赫著；余映萱，葛瑞絲譯.
-- 初版. -- 新北市：臺灣廣廈有聲圖書有限公司, 2021.08
面；　公分. -- (新手媽咪特訓班；27)
ISBN 978-986-130-500-4(平裝)

1.育兒 2.問題集

428.022　　　　　　　　　　　　　　　　110008484

台灣
廣廈

史上最實用！沒人教的0~6歲育兒全解答

兒科醫生爸爸寫給你的第一本SOS幼兒完全照護手冊，從新生兒保健、常見病症、意外狀況到生活習慣養成全收錄

作　　者／郭宰赫　　　　　　編輯中心編輯長／張秀環
譯　　者／余映萱、葛瑞絲　　編輯／黃雅鈴
審　　訂／張日錦　　　　　　封面設計／林珈仔・內頁排版／菩薩蠻數位文化有限公司
　　　　　　　　　　　　　　製版・印刷・裝訂／東豪・弼聖・秉成

行企研發中心總監／陳冠蒨　　媒體公關組／陳柔彣
　　　　　　　　　　　　　　綜合業務組／何欣穎

發　行　人／江媛珍
法律顧問／第一國際法律事務所 余淑杏律師・北辰著作權事務所 蕭雄淋律師
出　　版／台灣廣廈
發　　行／台灣廣廈有聲圖書有限公司
　　　　　　地址：新北市235中和區中山路二段359巷7號2樓
　　　　　　電話：(886) 2-2225-5777・傳真：(886) 2-2225-8052

代理印務・全球總經銷／知遠文化事業有限公司
　　　　　　地址：新北市222深坑區北深路三段155巷25號5樓
　　　　　　電話：(886) 2-2664-8800・傳真：(886) 2-2664-8801
郵政劃撥／劃撥帳號：18836722
　　　　　　劃撥戶名：知遠文化事業有限公司（※單次購書金額未達1000元，請另付70元郵資。）

■出版日期：2021年08月
ISBN：978-986-130-500-4

처음 부모 육아 멘붕 탈출법 : 신생아부터 72 개월까지 SOS 육아 고민 해결서
Copyright ©2020 by KWAHK JAEHYOK
All rights reserved.
Original Korean edition published by ICT Company Ltd (SOULHOUSE)
Chinese(complex) Translation Copyright ©2021 by Taiwan Mansion Publishing Co., Ltd.
Chinese(complex) Translation rights arranged with ICT Company Ltd (SOULHOUSE)
Through M.J. Agency, in Taipei.

阿德勒式親子溝通魔法卡

日本心理教練獨創！一天5分鐘，解鎖孩子情緒，培養自信心、同理心與行動力。（一書＋53張卡片）

★ 以「阿德勒心理學」為基礎研發！建立無壓力的正向教養環境，破解5-10歲孩童的情緒。
★ 每年受邀舉辦超過兩百場親子講座的「心理教練」原潤一郎，開發一天5分鐘的最強溝通術！用卡片遊戲引導孩子表達與思考，打造獨立、自信的強大心靈。

作者／原潤一郎
出版社／台灣廣廈

嘴殘媽媽的逆轉說話術

70萬家長一致推薦！打造雙贏的親子關係，媽媽必修的說話之道。

★ 親子教育家 李崇建、親子作家 彭菊仙、親職教育講師魏瑋志（澤爸）重磅推薦！
★ 心理諮商‧溝通教養博士，告訴你親子間如何正確對話，幫助孩子成為一生充滿正能量與高適應力的未來人才！

作者／吳秀香
出版社／台灣廣廈